INTELLIGENZA ARTIFICIALE

Esplora il mondo del Machine Learning e Deep Learning

Cristian Tesconi

<u>UN REGALO PER TE!</u>

Gentile lettore,

Grazie per aver scelto di acquistare **Intelligenza Artificiale: Esplora il Mondo del Machine Learning e Deep Learning**. Per esprimere la mia gratitudine, ho deciso di offrirti un regalo esclusivo:

AI – Codice Python

Attraverso questo insieme di esercizi, riuscirai a mettere in pratica gran parte dei concetti descritti in questo libro.

Per accedere al tuo regalo gratuito ed esclusivo, ti basta scansionare il seguente QR Code

Spero che questo regalo aggiunga ulteriore valore alla tua esperienza di lettura e ti aiuti a raggiungere i tuoi obiettivi. Buona lettura e grazie ancora per il tuo sostegno!

Autore

L'autore di questo libro è un Ingegnere robotico e dell'automazione con una vasta esperienza nel settore automobilistico, dove ha ricoperto una varietà di ruoli che gli hanno fornito una conoscenza approfondita e una vasta competenza nel campo dell'intelligenza artificiale e dell'innovazione tecnologica.

Durante la sua carriera, egli ha lavorato attivamente nell'ambito della guida autonoma e si è mantenuto costantemente aggiornato sulle ultime tendenze. Ha contribuito allo sviluppo di algoritmi avanzati per la guida autonoma, ha esplorato soluzioni innovative e ha collaborato con team multidisciplinari per creare sistemi avanzati e sicuri.

Inoltre, l'autore ha acquisito una solida esperienza nella progettazione e sviluppo di applicazioni embedded nell'ambito della telematica, concentrandosi sulla comunicazione tra veicoli, la gestione dei dati e l'interfacciamento con sistemi esterni. La sua competenza in questo campo lo ha reso consapevole delle sfide e delle opportunità offerte dalla connettività e dalla digitalizzazione nell'industria automobilistica.

Un'altra area di specializzazione riguarda la simulazione di sistemi multi-fisici, dove ha sviluppato applicazioni desktop per la modellazione e la simulazione di sistemi, integrando diverse discipline ingegneristiche. La sua esperienza in questo campo lo ha portato a comprendere l'importanza dell'accuratezza e dell'efficienza nella progettazione e nella valutazione di sistemi complessi.

L'autore ha anche contribuito in modo significativo allo sviluppo di soluzioni automatizzate, applicando la sua conoscenza dell'intelligenza artificiale e dell'automazione per semplificare processi complessi e migliorare l'efficienza operativa. Ha sviluppato strumenti personalizzati e ha collaborato con team per implementare soluzioni automatizzate in diversi contesti.

Con la combinazione di questa vasta esperienza nel settore automotive, la profonda conoscenza nell'ambito dell'intelligenza artificiale e l'esperienza pratica nello sviluppo di soluzioni sofisticate, l'autore si impegna a condividere le sue conoscenze e competenze attraverso questo libro. La sua passione per l'innovazione tecnologica e il desiderio di aiutare gli altri a comprendere e adottare le ultime tendenze nel campo dell'intelligenza artificiale lo hanno spinto a creare una risorsa completa che guiderà i lettori attraverso il mondo dell'intelligenza artificiale, fornendo esempi pratici e approfondimenti tecnici.

L'autore spera che questo libro sia uno strumento prezioso per chiunque sia interessato ad approfondire le proprie competenze nell'ambito dell'intelligenza artificiale, inclusi appassionati, studenti e professionisti di qualsiasi settore.

Prefazione

Benvenuti nel mondo dell'Intelligenza Artificiale, un territorio affascinante e in continua evoluzione che sta ridefinendo il modo in cui interagiamo con la tecnologia e il nostro ambiente circostante. Questo libro, *"Intelligenza Artificiale: Esplorando il Mondo del Machine Learning e del Deep Learning"*, è un viaggio nel cuore della rivoluzione tecnologica che sta trasformando il nostro mondo.

L'Intelligenza Artificiale, spesso abbreviata come AI, è una disciplina che ha conquistato l'immaginazione di scienziati, ingegneri e appassionati di tecnologia in tutto il mondo. Da automobili autonome a diagnosi mediche avanzate, dai consigli personalizzati di streaming musicale ai robot che collaborano in fabbriche automatizzate, l'AI è ormai parte integrante della nostra vita quotidiana.

In questo libro, esploreremo i fondamenti dell'Intelligenza Artificiale, concentrandoci principalmente sul Machine Learning e sul Deep Learning. Scopriremo come le macchine possono apprendere dai dati e migliorare le loro prestazioni nel tempo, fino a diventare capaci di compiere compiti complessi in modo autonomo. Dalla teoria alla pratica, questo libro vi guiderà attraverso i concetti chiave, gli algoritmi, e le applicazioni dell'Intelligenza Artificiale, fornendo esempi concreti e casi d'uso reali.

Mentre leggerete, vi immergerete in un mondo di reti neurali, algoritmi di apprendimento profondo e dati. Imparerete come addestrare modelli AI per riconoscere immagini, tradurre lingue, effettuare previsioni e molto altro ancora.

Questo libro è stato scritto per chiunque abbia una curiosità innata per l'Intelligenza Artificiale, indipendentemente dal livello di conoscenza pregressa. Che siate studenti desiderosi di entrare nel mondo dell'AI, professionisti in cerca di approfondimenti o semplicemente appassionati della tecnologia, troverete qui una guida completa e accessibile per esplorare questo affascinante campo.

Siate pronti a scoprire il potenziale illimitato dell'Intelligenza Artificiale ed a intraprendere un viaggio che cambierà il vostro modo di vedere il futuro tecnologico. Grazie per aver scelto di esplorare con me il mondo del Machine Learning e del Deep Learning. Buon viaggio nell'era dell'Intelligenza Artificiale!

Cosa copre questo libro

Questo libro è stato progettato per offrire una panoramica completa dell'Intelligenza Artificiale, concentrandosi principalmente sul Machine Learning e sul Deep Learning. Attraverso una serie di capitoli progressivamente strutturati, esploreremo una vasta gamma di argomenti, consentendovi di acquisire una comprensione approfondita di questo entusiasmante campo. Ecco cosa copriremo:

Struttura del libro:
- ➢ Concetti preliminari
- ➢ Introduzione al Machine Learning
- ➢ Preparazione dei dati
- ➢ Apprendimento supervisionato e non supervisionato
- ➢ Tecniche di regolarizzazione
- ➢ Tecniche di validazione e ottimizzazione
- ➢ Deep Learning

Restiamo in contatto

L'Intelligenza Artificiale è un campo in costante evoluzione, e l'impegno nell'apprendere e rimanere aggiornati è cruciale. Che tu abbia domande, feedback o semplicemente desideri condividere i tuoi progressi in questo mondo, ci sono diversi modi per metterti in contatto con me:

- **Email**: non esitare a contattarmi via email all'indirizzo *geeky.teck.gt@gmail.com*. Apprezzo il tuo contributo e farò del mio meglio per rispondere alle tue domande e offrire assistenza.
- **Recensioni del libro**: se hai trovato il libro utile e informativo, ti invito a lasciare una recensione su piattaforme di recensioni di libri popolari come *Amazon*. Il tuo riscontro sincero può aiutare altri aspiranti nell'ambito dell'Intelligenza Artificiale a scoprire e trarre vantaggio da questa risorsa.

Rimanere in contatto con la comunità dell'Intelligenza Artificiale e continuare ad apprendere è fondamentale in un campo così dinamico. L'Intelligenza Artificiale offre infinite opportunità di scoperta e innovazione, e spero che questo libro sia stato un punto di partenza entusiasmante per il tuo viaggio. Ti ringrazio per aver scelto di esplorare il mondo del Machine Learning e del Deep Learning con me e ti auguro un futuro ricco di successi nell'Intelligenza Artificiale!

Sommario

L'Intelligenza Artificiale

L'Intelligenza Artificiale (IA) rappresenta una delle conquiste più straordinarie dell'era digitale, aprendo le porte a una nuova frontiera di automazione e apprendimento delle macchine. L'IA si distingue come una disciplina che cerca di conferire alle macchine la capacità di simulare processi intellettuali umani, come il ragionamento, l'apprendimento, la comprensione del linguaggio naturale e la percezione sensoriale. Questo affascinante campo di studio e applicazione ha sconvolto l'intera panoramica tecnologica e sta definendo il futuro della società moderna, promettendo progressi rivoluzionari in una vasta gamma di settori.

L'origine dell'Intelligenza Artificiale (IA) è una storia affascinante che si intreccia con il desiderio umano di creare macchine in grado di emulare le capacità cognitive umane. Le radici di questa disciplina risalgono a epoche antiche e si sono sviluppate nel corso dei secoli, culminando nell'era digitale con progressi scientifici e tecnologici che hanno dato forma a un campo di ricerca e applicazione in continua evoluzione.

La Nascita dell'IA Moderna: Il Workshop di Dartmouth College

L'Intelligenza Artificiale (IA) come campo di studio e ricerca ha radici profonde nel XX secolo. Tuttavia, è nel 1956 che ha avuto luogo un evento che avrebbe segnato un punto di svolta fondamentale nella sua storia: il workshop tenutosi al Dartmouth College, un'istituzione che avrebbe dato i natali ufficiali all'IA moderna.
Sotto la guida e l'iniziativa di alcuni pionieri visionari, tra cui Allen Newell, John McCarthy, Marvin Minsky e Nathaniel Rochester, questo incontro ha rappresentato un momento cruciale per l'IA. In un'epoca in cui i computer erano appena agli albori e l'idea di una macchina dotata di intelligenza umana

sembrava fantascienza, questi intellettuali hanno riunito le loro menti brillanti per esplorare le possibilità e i limiti dell'IA.

Il workshop ha visto la convergenza di diverse discipline, tra cui matematica, filosofia, psicologia e informatica. I partecipanti si sono immersi in discussioni approfondite su concetti all'avanguardia, tra cui la "programmazione ad alto livello", un termine che avrebbe poi influenzato profondamente lo sviluppo dell'IA. È durante questo incontro che è stato coniato il termine "Intelligenza Artificiale" per descrivere il concetto di macchine in grado di emulare l'intelligenza umana.

Tuttavia, l'importanza del workshop di Dartmouth va oltre la semplice creazione di un termine. Ha fornito una piattaforma per la collaborazione tra menti brillanti, dando vita a una comunità di ricerca dedicata all'avanzamento dell'IA. Questa comunità avrebbe continuato a plasmare il campo nel corso dei decenni successivi, sviluppando teorie, algoritmi e applicazioni che avrebbero avuto un impatto duraturo sulla società.

Le idee emerse durante il workshop hanno alimentato l'entusiasmo e l'interesse per l'IA in tutto il mondo accademico e industriale. I governi e le aziende hanno iniziato a investire risorse significative nello sviluppo di tecnologie intelligenti, dando vita a una nuova era di innovazione e scoperta.

Oggi, il workshop di Dartmouth College è ricordato come un momento epocale nella storia dell'IA. Ha gettato le basi per molte delle tecnologie e delle applicazioni che oggi consideriamo parte integrante della nostra vita quotidiana, dall'assistenza virtuale ai veicoli autonomi. La sua eredità vive attraverso il costante progresso dell'IA e il suo impatto sempre crescente sulla società moderna.

Dalla Logica Simbolica all'Apprendimento Automatico

Negli anni '50 e '60, mentre l'umanità ancora stava afferrando i primi strumenti per affrontare il concetto di Intelligenza Artificiale (IA), i ricercatori si immersero in un approccio fondamentale basato sulla logica simbolica. Questo metodo coinvolgeva la rappresentazione di conoscenze e processi attraverso simboli e regole di inferenza. Un'illustrazione significativa di questa fase è stata la creazione del "Logic Theorist", un programma sviluppato da menti pionieristiche come Allen Newell e Herbert A. Simon. Il Logic Theorist è entrato nella storia come uno dei primi esempi di software capace di dimostrare teoremi matematici, segnando un passo importante verso la comprensione e l'implementazione dell'intelligenza artificiale.

Tuttavia, negli anni '70, l'IA ha subito una trasformazione significativa con l'emergere di un nuovo paradigma: l'apprendimento automatico. Questo approccio rivoluzionario ha abbracciato l'idea di sviluppare algoritmi capaci di migliorare le loro prestazioni attraverso l'esperienza e l'esposizione ai dati. È stato un momento di svolta nell'IA, poiché ha portato alla luce concetti fondamentali come l'adattamento e l'auto-miglioramento delle macchine.

Uno dei risultati più eclatanti di questo periodo è stata l'introduzione delle reti neurali artificiali. Ispirate dalla struttura e dal funzionamento del cervello umano, queste reti hanno introdotto una nuova era nell'IA, consentendo alle macchine di apprendere da dati complessi e di affrontare compiti precedentemente ritenuti impossibili per i computer tradizionali. Le reti neurali artificiali hanno aperto la strada a una vasta gamma di applicazioni, dall'elaborazione del linguaggio naturale alla visione artificiale e alla guida autonoma.

Questo periodo di transizione ha segnato un cambiamento fondamentale nel modo in cui l'IA è stata concepita e sviluppata. L'apprendimento automatico ha dimostrato che le macchine possono acquisire conoscenze e abilità in modo autonomo, aprendo nuove frontiere di possibilità nell'ambito dell'intelligenza artificiale.

Gli "Inverni dell'IA" e il Rinascimento dell'IA

Nonostante gli entusiasmanti progressi iniziali, gli anni '70 e '80 hanno visto l'IA attraversare un periodo difficile, noto come gli "inverni dell'IA". Questo periodo è stato caratterizzato da una serie di sfide e delusioni che hanno rallentato significativamente lo sviluppo dell'IA. Le aspettative troppo ottimistiche rispetto alle capacità delle macchine hanno spesso portato a una realtà deludente, causando una riduzione dei finanziamenti e un rallentamento della ricerca nel campo dell'IA.

Le delusioni degli "inverni dell'IA" hanno dimostrato che l'IA non era ancora pronta per realizzare tutte le promesse fatte. Tuttavia, negli anni '90, con l'avvento di nuove scoperte scientifiche e l'aumento della disponibilità di risorse informatiche più potenti, l'IA ha conosciuto un vero e proprio rinascimento.

Questo rinascimento dell'IA è stato caratterizzato da un rinnovato interesse e da una serie di sviluppi significativi nel campo. Nuove metodologie, algoritmi più sofisticati e una maggiore comprensione delle capacità e dei limiti delle macchine hanno contribuito a rilanciare l'interesse e l'entusiasmo per l'IA. Inoltre, l'aumento dell'accesso ai dati e delle capacità di elaborazione ha fornito alle macchine la possibilità di apprendere e adattarsi in modi mai visti prima.

Questo periodo di rinascimento ha portato a una rapida crescita e diffusione dell'IA in una vasta gamma di settori, tra cui l'industria, la medicina, l'istruzione e molto altro ancora. Le tecnologie basate sull'IA hanno iniziato a trasformare radicalmente il modo in cui affrontiamo le sfide e conduciamo le nostre vite quotidiane, aprendo la strada a un futuro in cui l'intelligenza artificiale è onnipresente e integrata in tutti gli aspetti della nostra società.

L'IA Oggi: Apprendimento Profondo e Intelligenza Artificiale Generale

Oggi, l'IA è in una fase di crescita esplosiva, guidata dall'apprendimento profondo e da tecnologie come le reti neurali convoluzionali e ricorrenti. L'apprendimento profondo ha permesso progressi notevoli in settori come la visione artificiale e il riconoscimento del linguaggio naturale, portando a risultati sorprendenti come la guida autonoma e il riconoscimento facciale.

Inoltre, l'idea di Intelligenza Artificiale Generale (AGI) sta guadagnando terreno. AGI rappresenterebbe una forma di Intelligenza Artificiale in grado di svolgere una vasta gamma di compiti intellettuali umani con la stessa facilità di un essere umano.

Introduzione al Machine Learning

Cosa è il Machine Learning?

Il Machine Learning rappresenta uno dei settori più affascinanti e promettenti dell'Intelligenza Artificiale, consentendo alle macchine di apprendere da dati senza essere esplicitamente programmate per svolgere determinati compiti. Questo paradigma rivoluzionario ha trasformato radicalmente il modo in cui risolviamo i problemi e affrontiamo le sfide quotidiane.

Nel punto di partenza di questo libro, è fondamentale comprendere il concetto di Machine Learning nella sua essenza. Il cuore di questa disciplina consiste nell'abilità di un sistema di acquisire conoscenze da esperienze passate, migliorando la propria performance attraverso l'analisi dei dati. Contrariamente alla programmazione tradizionale, dove ogni aspetto dell'elaborazione è definito manualmente, il Machine Learning si basa sull'utilizzo di algoritmi e modelli che si adattano e apprendono dai dati in modo autonomo.

Un aspetto cruciale da considerare è la presenza di modelli matematici e statistici che permettono al Machine Learning di generalizzare e predire comportamenti futuri in base agli esempi forniti. Questa capacità di generalizzazione è ciò che rende il Machine Learning così potente e utile in una vasta gamma di applicazioni.

Ci sono due tipi principali di Machine Learning: l'apprendimento supervisionato e l'apprendimento non supervisionato. Nel primo caso, il sistema viene istruito tramite esempi etichettati, ovvero coppie di input e output corrispondenti, con l'obiettivo di apprendere una funzione che mappa gli input agli output corretti. Nel secondo caso, invece, i dati non sono etichettati, e il sistema deve trovare strutture e pattern nascosti nei dati per classificare, raggruppare o ridurre la dimensione dei dati.

Il Machine Learning ha dimostrato la sua efficacia in una vasta gamma di applicazioni, dall'elaborazione del linguaggio naturale al riconoscimento vocale, dalla visione artificiale alle raccomandazioni personalizzate su piattaforme di streaming c e-commerce. Inoltre, trova applicazioni nei settori della medicina, finanza, industria e molte altri.

Per ottenere il massimo dalla potenza del Machine Learning, è fondamentale avere una solida comprensione dei principali concetti, algoritmi e tecniche disponibili. Questo libro ti guiderà passo dopo passo nell'esplorazione di queste nozioni.

Tipi di problemi risolvibili con il Machine Learning

Il Machine Learning offre un'ampia gamma di approcci e tecniche per risolvere diverse tipologie di problemi. Questa flessibilità e capacità di adattamento lo rendono uno strumento potente ed efficace in molteplici campi. Vediamo ora alcuni dei tipi di problemi risolvibili con il Machine Learning.

- **Classificazione**: La classificazione è uno dei problemi fondamentali del Machine Learning. In questo scenario, l'obiettivo è assegnare un'etichetta o una classe a un insieme di dati in base alle loro caratteristiche. Ad esempio, si potrebbe voler classificare le e-mail come spam o non spam, oppure distinguere tra diverse specie di fiori in base a determinati attributi. Algoritmi di classificazione comuni includono *Support Vector Machines (SVM)*, *K-Nearest Neighbors (KNN)*, *Alberi di Decisione* e *Reti Neurali*.

- **Regressione**: La regressione riguarda la previsione di un valore numerico continuo. Questo tipo di problema è utile quando si desidera stimare una quantità o una misura, come il prezzo di una casa in base alle sue caratteristiche, o la temperatura prevista in base ai dati meteorologici storici. Le tecniche di regressione includono la *Regressione Lineare*, la *Regressione Polinomiale* e i *Metodi Ensemble* come le *Foreste Casuali*.

- **Clustering**: Il clustering riguarda la suddivisione di un insieme di dati in gruppi o cluster omogenei, in modo che gli elementi all'interno di ciascun cluster siano simili tra loro e diversi dagli elementi in altri cluster. Questo tipo di problema è utile per scoprire pattern e strutture nascoste nei dati, senza etichette predefinite. Il *K-Means* è uno degli algoritmi di clustering più utilizzati, insieme a metodi più avanzati come il *DBSCAN* e il *clustering gerarchico*.

- **Riduzione della Dimensionalità**: La riduzione della dimensionalità si occupa di ridurre il numero di attributi o feature presenti nei dati, mantenendo al contempo le informazioni più rilevanti. Questo è particolarmente utile quando si hanno dataset con un gran numero di variabili, poiché può semplificare l'analisi e migliorare le prestazioni dei modelli. Le tecniche di riduzione della dimensionalità includono *Principal Component Analysis (PCA)*, *t-SNE* e *LLE* (*Locally Linear Embedding*).
- **Riconoscimento del Testo e del Linguaggio Naturale**: Il Machine Learning è ampiamente utilizzato per problemi legati al riconoscimento del testo e del linguaggio naturale. Ciò include il riconoscimento vocale, la traduzione automatica, l'analisi del sentiment nelle recensioni, e molto altro. Le Reti Neurali Ricorrenti (RNN) e le Reti Neurali Trasformative (Transformer) sono modelli comunemente utilizzati per queste applicazioni.
- **Sistemi di Raccomandazione**: I sistemi di raccomandazione sono ampiamente utilizzati nelle piattaforme di e-commerce, streaming e social media per fornire suggerimenti personalizzati agli utenti. Questi sistemi utilizzano il Machine Learning per analizzare il comportamento dell'utente e consigliare contenuti, prodotti o servizi che potrebbero interessare. Gli algoritmi di filtraggio collaborativo e i metodi di apprendimento basati su contenuti sono spesso utilizzati per costruire sistemi di raccomandazione.

Questi sono solo alcuni dei numerosi tipi di problemi risolvibili con il Machine Learning. La chiave per affrontare con successo questi problemi sta nella scelta dei giusti algoritmi, nella preparazione accurata dei dati e nella comprensione delle peculiarità specifiche di ciascun caso.

Panoramica delle tecniche di Machine Learning

La vastità del campo del Machine Learning è sorprendente, con un'ampia gamma di tecniche e algoritmi progettati per risolvere una varietà di problemi. In questa panoramica, esploreremo alcune delle tecniche più comuni e popolari utilizzate nel Machine Learning, fornendo una visione d'insieme delle loro caratteristiche e delle situazioni in cui sono più adatte.

- **Apprendimento Supervisionato**: L'apprendimento supervisionato è uno dei paradigmi più diffusi nel Machine Learning. In questo tipo di apprendimento, il modello viene addestrato utilizzando un dataset di esempi etichettati, in cui ogni esempio è associato a un'etichetta o una classe nota. L'obiettivo del modello è apprendere una funzione che mappa gli input alle corrispondenti etichette. Questo tipo di tecnica è ampiamente utilizzata in problemi di classificazione e regressione.

- **Apprendimento non Supervisionato**: L'apprendimento non supervisionato è utilizzato quando i dati non sono etichettati e l'obiettivo è trovare strutture o pattern nascosti all'interno del dataset. A differenza dell'apprendimento supervisionato, qui non abbiamo etichette per guidare il modello nell'addestramento. Il clustering è un esempio comune di apprendimento non supervisionato, in cui il modello raggruppa gli esempi in cluster omogenei. Un altro esempio è la riduzione della dimensionalità, che si concentra sulla rappresentazione compatta e informativa dei dati, come spiegato nel punto 1.3.

- **Apprendimento Semi-Supervisionato**: In alcune situazioni, si potrebbero avere dataset contenenti sia esempi etichettati che non etichettati. L'apprendimento semi-supervisionato cerca di sfruttare entrambe le informazioni per migliorare le prestazioni del modello. In questa tecnica, il modello viene addestrato utilizzando sia esempi etichettati per la supervisione che esempi non etichettati per l'apprendimento di pattern più generali. Questo approccio è particolarmente utile quando l'etichettatura dei dati è costosa o difficile da ottenere.

- **Apprendimento per Rinforzo**: L'apprendimento per rinforzo è un paradigma di Machine Learning in cui un agente apprende a prendere decisioni interagendo con un ambiente. L'agente esegue azioni in un ambiente e riceve feedback o ricompense in base alle azioni svolte. L'obiettivo dell'agente è massimizzare le ricompense accumulate nel tempo, imparando quali azioni portano a risultati migliori. Questa tecnica è utilizzata in applicazioni come i giochi, i veicoli autonomi e i robot.

- **Ensemble Learning**: Ensemble Learning è una tecnica che combina diversi modelli di Machine Learning per migliorare le prestazioni complessive. L'idea principale è quella di combinare le previsioni di più modelli base per ottenere una previsione finale più accurata e stabile. Alcuni esempi di Ensemble Learning includono il *Bagging*, il *Boosting* e il *Random Forest*. Queste tecniche sono particolarmente utili quando i singoli modelli hanno limitazioni e la combinazione dei loro risultati può portare a un modello più robusto.

- **Apprendimento Profondo (Deep Learning)**: Il Deep Learning è una sottocategoria del Machine Learning che utilizza reti neurali artificiali profonde per apprendere rappresentazioni gerarchiche dei dati. Queste reti neurali sono composte da numerosi strati di neuroni (artificiali) e sono in grado di apprendere automaticamente feature di alto livello dai dati. Il Deep Learning ha ottenuto risultati eccezionali in problemi complessi come il riconoscimento di immagini, la traduzione del linguaggio naturale e i giochi strategici.

Questa panoramica delle tecniche di Machine Learning offre solo un assaggio dell'ampia varietà di approcci disponibili. Ogni tecnica ha i suoi punti di forza e debolezza e può essere più adatta a specifici tipi di problemi. La scelta della tecnica giusta dipenderà dalla natura dei dati, dalla complessità del problema e dagli obiettivi di apprendimento.

Applicazioni del Machine Learning nella vita quotidiana

Il Machine Learning è una delle tecnologie più rivoluzionarie dei nostri tempi, e le sue applicazioni si estendono in molti aspetti della nostra vita quotidiana. Queste soluzioni basate sull'apprendimento automatico ci hanno permesso di automatizzare compiti, migliorare l'efficienza e arricchire la nostra esperienza in vari settori. Vediamo alcune delle applicazioni più interessanti del Machine Learning nella vita di tutti i giorni.

- **Ricerca su Internet e Motori di Ricerca**: Quando cerchiamo informazioni su Internet, i motori di ricerca utilizzano algoritmi di Machine Learning per fornirci risultati pertinenti e rilevanti. Questi algoritmi analizzano il nostro comportamento di ricerca passato, le preferenze e la pertinenza dei contenuti per personalizzare le risposte alle nostre domande.

- **Raccomandazioni di Prodotti e Contenuti**: Quando usiamo piattaforme di streaming, social media o e-commerce, i sistemi di raccomandazione basati su Machine Learning ci suggeriscono prodotti, film, serie TV, musica e contenuti che potrebbero interessarci. Questi sistemi analizzano il nostro storico di utilizzo e le preferenze per fornire raccomandazioni personalizzate.

- **Assistenza Vocale e Intelligenza Artificiale**: Gli assistenti vocali come Siri, Google Assistant e Amazon Alexa utilizzano il Machine Learning per comprendere e rispondere ai nostri comandi vocali. Questi sistemi di Intelligenza Artificiale sono in grado di riconoscere il linguaggio naturale e fornirci informazioni, impostare promemoria, riprodurre musica e molto altro.

- **Filtraggio dello Spam**: I filtri antispam nelle nostre caselle di posta elettronica utilizzano algoritmi di apprendimento automatico per identificare e bloccare e-mail indesiderate e potenzialmente dannose. Questi filtri analizzano il contenuto delle e-mail e rilevano modelli di spam per proteggere la nostra casella di posta da messaggi indesiderati.

- **Riconoscimento Facciale e Sicurezza**: Il riconoscimento facciale basato sul Machine Learning è ampiamente utilizzato per il riconoscimento di persone, l'autenticazione su dispositivi mobili e la sicurezza nei sistemi di videosorveglianza. Questi algoritmi sono in grado di identificare volti umani in tempo reale e confrontarli con database di immagini per l'identificazione.

- **Automobili Autonome**: Il Machine Learning gioca un ruolo fondamentale nello sviluppo delle auto autonome. I veicoli autonomi utilizzano sensori (come ad esempio radar, lidar, ultrasuoni, GPS) e telecamere per raccogliere dati dal loro ambiente circostante e utilizzano algoritmi di Machine Learning per prendere decisioni in tempo reale, come la guida, il parcheggio e l'evitamento degli ostacoli.

- **Previsione del Traffico e Ottimizzazione dei Percorsi**: Le applicazioni di navigazione e le mappe digitali utilizzano dati storici e in tempo reale per prevedere il traffico e suggerire percorsi ottimizzati. Questi algoritmi di Machine Learning analizzano i dati di migliaia di utenti per fornire indicazioni più precise e tempi di arrivo stimati.

- **Medicina e Diagnosi**: Il Machine Learning viene utilizzato nella medicina per analizzare grandi quantità di dati medici, come immagini di risonanza magnetica, risultati di analisi di laboratorio e dati clinici, per aiutare nella diagnosi di malattie, nella scoperta di farmaci e nella personalizzazione delle cure.

- **Traduzione Automatica**: Le tecnologie di traduzione automatica basate sul Machine Learning hanno raggiunto livelli di precisione sorprendenti. Queste applicazioni possono tradurre testi in tempo reale, consentendoci di comunicare facilmente con persone che parlano lingue diverse.

- **Monitoraggio dell'Inquinamento e del Clima**: Il Machine Learning è utilizzato per analizzare i dati ambientali e meteorologici, consentendo il monitoraggio e la previsione dell'inquinamento atmosferico, delle condizioni climatiche e dei cambiamenti climatici.

Queste sono solo alcune delle numerose applicazioni del Machine Learning nella nostra vita quotidiana. Questa tecnologia continua a evolversi e a trovare nuovi modi per migliorare e semplificare la nostra esperienza di vita.

Concetti preliminari

Mentre ci immergiamo nel mondo affascinante dell'Intelligenza Artificiale, è fondamentale fare chiarezza su due aspetti cruciali: la matematica e la statistica. Molti potrebbero sentirsi intimiditi dalla prospettiva di affrontare una disciplina spesso considerata ostica, ma non preoccupatevi, il nostro viaggio attraverso l'Intelligenza Artificiale non richiederà una profonda immersione nella matematica avanzata. Tuttavia, non possiamo ignorare completamente il suo ruolo nella creazione e comprensione degli algoritmi e dei modelli che sono al cuore di ogni sistema di Intelligenza Artificiale.

L'ABC della Matematica nell'Intelligenza Artificiale

Funzione matematica

Una funzione matematica è una relazione tra un insieme di input, noto come dominio, e un insieme di output, noto come codominio, in cui ogni elemento nel dominio è associato a un elemento unico nel codominio. In altre parole, una funzione associa un valore di input a un valore di output specifico in base a una regola o una formula predefinita.

Una funzione matematica è spesso rappresentata con la notazione $f(x)$, dove f è il nome della funzione e $"x"$ è il suo input. La funzione prende l'input $"x"$, esegue una serie di operazioni o calcoli su di esso, e restituisce un valore di output $f(x)$.

Immagina di avere una funzione matematica che raddoppia il valore di un numero di input. Chiameremo questa funzione "raddoppia".

La funzione "raddoppia" è definita come segue:

$$f(x) = 2x$$

In questa definizione:

> f è il nome della funzione, che è "raddoppia" in questo caso.

> x è l'input della funzione, che rappresenta il numero da raddoppiare.

➤ $2x$ è l'operazione di raddoppio, che moltiplica l'input per 2.

Ora, supponiamo di voler utilizzare questa funzione per raddoppiare un numero specifico. Ad esempio, se prendiamo x = 4 come input:

$$f(4) = 2 * 4 \qquad f(4) = 8$$

Quindi, la funzione "raddoppia" applicata all'input "4" restituisce un valore di output di "8". Questo processo può essere ripetuto con qualsiasi altro numero come input, e la funzione produrrà il risultato corrispondente.

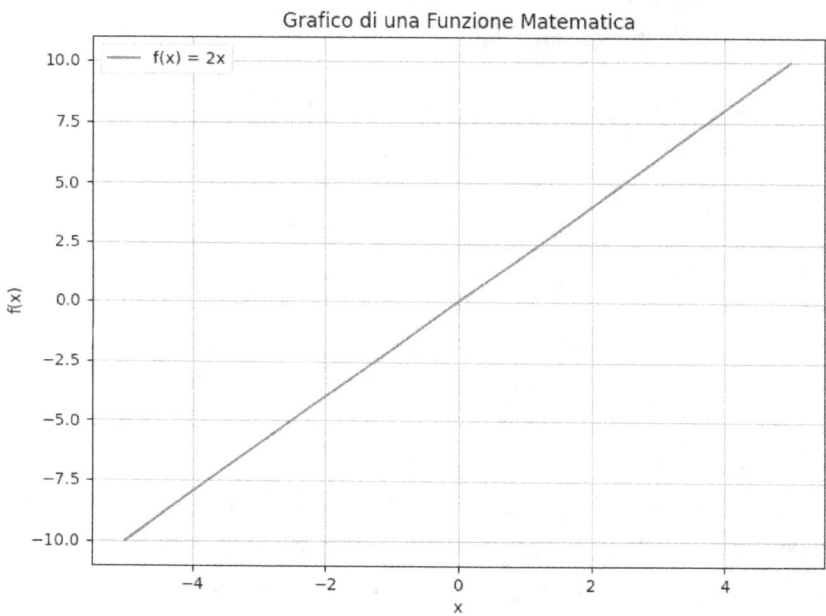

Derivata di una funzione

La derivata di una funzione matematica è una misura di quanto velocemente la funzione cambia in risposta a variazioni nell'input (la variabile indipendente). In altre parole, la derivata fornisce il tasso istantaneo di cambiamento di una funzione in un determinato punto.

La derivata di una funzione $f(x)$ è spesso indicata con il simbolo $f'(x)$ oppure dy/dx, dove y è il risultato della funzione e x è la variabile indipendente.

Ecco alcune informazioni chiave sulla derivata:

- **Tasso di cambiamento**: La derivata di una funzione valutata in un punto specifico fornisce il tasso di cambiamento istantaneo della funzione in quel punto. Questo tasso di cambiamento può essere positivo (indicando un aumento), negativo (indicando una diminuzione) o zero (indicando un punto stazionario).

- **Interpretazione geometrica**: Geometricamente, la derivata rappresenta la pendenza della tangente alla curva della funzione in un punto specifico. La tangente è la retta che tocca la curva in quel punto senza attraversarla.

- **Notazione**: La notazione per la derivata può variare, ma le forme più comuni includono $f'(x)$, dy/dx, df/dx, o anche $Df(x)$. La derivata seconda (la derivata della derivata) è spesso indicata come $f''(x)$, d^2y/dx^2, o d^2f/dx^2.

- **Regole di derivazione**: Esistono regole specifiche per calcolare le derivate di varie funzioni. Ad esempio, la derivata di una costante è zero, la derivata di x^n (dove n è una costante) è $nx^{(n-1)}$, e così via. Queste regole consentono di calcolare le derivate di funzioni più complesse decomponendole in funzioni più semplici.

- **Applicazioni**: Le derivate hanno numerose applicazioni nel mondo reale, come la fisica (per calcolare velocità, accelerazione, ecc.), l'ottimizzazione (per trovare massimi e minimi), l'analisi di dati (per stimare i tassi di crescita), l'ingegneria e la modellizzazione scientifica.

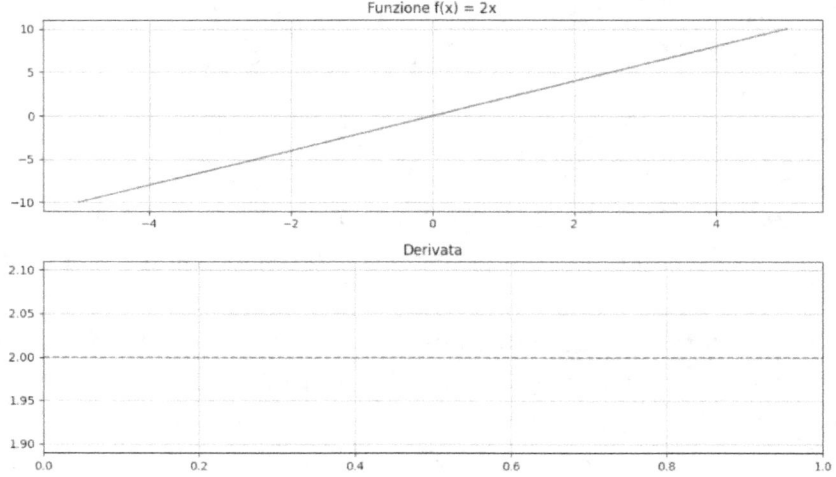

Cosa è un algoritmo?

Nel vasto mondo della scienza dell'informazione e dell'informatica, il termine "algoritmo" è un pilastro fondamentale. Gli algoritmi sono alla base di quasi tutto ciò che coinvolge il calcolo, la manipolazione dei dati e la risoluzione di problemi. Ma cosa sono esattamente gli algoritmi, e perché sono così cruciali?

Iniziamo con una definizione fondamentale: un algoritmo è una sequenza di istruzioni ben definite e non ambigue che guida l'esecuzione di una determinata attività o risolve un problema specifico. Queste istruzioni sono solitamente espresse in un linguaggio comprensibile da una macchina o da un computer e devono essere finite, il che significa che l'algoritmo deve completare il compito in un numero finito di passaggi. Gli algoritmi sono il "cervello" dietro molte delle operazioni che compiamo quotidianamente su dispositivi elettronici, dall'invio di un messaggio su WhatsApp al calcolo delle tasse.

Una caratteristica chiave degli algoritmi è la loro sequenzialità. Le istruzioni devono essere eseguite nell'ordine specificato, come se fossero passaggi in un ricettario di cucina. Ad esempio, per fare una tazza di tè, devi prima bollire dell'acqua, poi mettere il tè nella tazza, versare l'acqua bollente sulla tazza e, infine, mescolare. Seguire questa sequenza di passaggi è ciò che rende l'operazione un algoritmo.

Gli algoritmi sono strumenti potenti per risolvere problemi. Ogni volta che affrontiamo una sfida che richiede una serie di passaggi ben definiti, possiamo sviluppare un algoritmo per risolverla in modo efficace ed efficiente. Ad esempio, immagina di dover organizzare una lista di nomi in ordine alfabetico. Potresti sviluppare un algoritmo che prenda questa lista, confronti i nomi e li riorganizzi in ordine alfabetico seguendo una serie di regole specifiche. Questo algoritmo ti permetterebbe di risolvere il problema in modo sistematico.

Dunque, gli algoritmi sono il cuore pulsante della tecnologia moderna. Senza di essi, non avremmo computer, smartphone, motori di ricerca o applicazioni di navigazione. Sono la chiave per l'automazione dei processi e per l'elaborazione dei dati in modo efficiente. La loro importanza si estende anche a settori critici come la medicina, dove gli algoritmi possono essere utilizzati per diagnosticare malattie o pianificare trattamenti, e la finanza, dove possono essere impiegati per analizzare i mercati e prendere decisioni finanziarie informate.

Algoritmo di ottimizzazione

Oltre all'utilizzo di algoritmi per risolvere problemi generici, come l'ordinamento di una lista o la ricerca di un elemento, esiste una categoria speciale di algoritmi noti come "algoritmi di ottimizzazione". Questi algoritmi sono progettati per affrontare specifici problemi di ottimizzazione, che coinvolgono la ricerca della migliore soluzione possibile tra una serie di opzioni.

Definizione di Ottimizzazione

L'ottimizzazione è il processo di trovare la soluzione migliore o più vantaggiosa in un dato contesto, soggetta a determinati vincoli o obiettivi. Questi obiettivi possono variare ampiamente a seconda dell'applicazione. Ad esempio, in un contesto finanziario, si potrebbe cercare di massimizzare i profitti o minimizzare i rischi, mentre in un problema di routing di veicoli si potrebbe cercare di trovare il percorso più breve per raggiungere diverse destinazioni.

L'Importanza degli Algoritmi di Ottimizzazione

Gli algoritmi di ottimizzazione sono ampiamente utilizzati in una varietà di settori e applicazioni. Ecco alcuni esempi di contesti in cui sono essenziali:

- **Logistica:** Nella gestione della catena di approvvigionamento e nella logistica, gli algoritmi di ottimizzazione sono utilizzati per ottimizzare la pianificazione delle consegne, minimizzare i costi di trasporto e massimizzare l'efficienza operativa.
- **Ingegneria:** In campo ingegneristico, gli algoritmi di ottimizzazione sono utilizzati per la progettazione di strutture, la pianificazione di reti e la gestione delle risorse, contribuendo a migliorare la progettazione e l'efficienza dei sistemi.
- **Finanza:** Nel settore finanziario, gli algoritmi di ottimizzazione vengono impiegati per la gestione dei portafogli, la pianificazione fiscale e la determinazione delle strategie di investimento ottimali.
- **Machine Learning:** Anche nell'apprendimento automatico, come vedremo in seguito, gli algoritmi di ottimizzazione giocano un ruolo cruciale nell'addestramento dei modelli. Vengono utilizzati per regolare i parametri dei modelli in modo da minimizzare l'errore o massimizzare le prestazioni.

L'ABC della Statistica nell'Intelligenza Artificiale

La statistica è uno dei pilastri fondamentali dell'intelligenza artificiale (IA). È il linguaggio che ci consente di comprendere, analizzare e trarre conclusioni dai dati, il carburante che alimenta il processo decisionale nei modelli di machine learning e l'arsenale di strumenti che ci aiuta a misurare le prestazioni e a inferire informazioni significative da un mondo di informazioni.

In questo capitolo, esploreremo l'ABC della statistica nell'ambito dell'intelligenza artificiale. Partiremo dalle nozioni di base, come la definizione di concetti chiave come media e varianza, per poi approfondire ulteriormente temi cruciali come la probabilità e la distribuzione statistica. Impareremo come questi concetti si intrecciano con i modelli di intelligenza artificiale, fornendo le basi per la comprensione, la valutazione e l'ottimizzazione dei nostri algoritmi di apprendimento automatico.

Indipendentemente dal tuo livello di conoscenza attuale, questa sezione ti fornirà i concetti base della statistica utilizzati nell'IA.

Media e Varianza

La media e la varianza sono due importanti concetti statistici utilizzati per descrivere le caratteristiche di un insieme di dati.

Media

La media, nota anche come media aritmetica, è una misura di tendenza centrale che rappresenta il "valore medio" di un insieme di dati. Per calcolare la media, si sommano tutti i valori dei dati e si dividono per il numero totale di valori. In sostanza, la media rappresenta il punto centrale di un insieme di dati.

Ecco una spiegazione più dettagliata:

Come Calcolare la Media:

- **Raccogli i dati**: Inizia raccogliendo tutti i valori dei dati che desideri analizzare. Questi dati possono essere numeri, misurazioni o qualsiasi altra quantità che vuoi studiare.
- **Somma i dati**: Somma tutti i valori dei dati che hai raccolto. Questa operazione consiste nell'aggiungere tutti i numeri insieme.
- **Dividi per il numero di dati**: Dopo aver ottenuto la somma dei dati, dividila per il numero totale di dati che hai. Questo numero è importante perché indica quante "parti" devi suddividere la somma per ottenere il valore medio.

Formula della Media:

La formula matematica per calcolare la media è la seguente:

$Media\ (\mu) = Somma\ dei\ dati\ /\ Numero\ totale\ di\ dati$

Supponiamo di avere l'insieme di dati seguente: 12, 15, 18, 21, 24. Per calcolare la media, seguiamo i passaggi:

$Media\ (\mu) = 90\ /\ 5 = 18$

Varianza:

La varianza è una misura statistica che indica quanto i dati in un insieme siano distribuiti o dispersi intorno alla loro media. In altre parole, rappresenta la variabilità o la dispersione dei dati. Una varianza più alta indica che i dati sono più dispersi, mentre una varianza più bassa indica che i dati sono più concentrati intorno alla media.

Come Calcolare la Varianza:

Per calcolare la varianza, segui questi passaggi:

- **Calcola la media**: Prima di tutto, calcola la media dei dati, come spiegato nella sezione precedente.
- **Sottrai la media da ciascun dato**: Per ciascun dato nell'insieme, sottrai il valore della media. Questo passaggio misura quanto ciascun dato si discosti dalla media.
- **Eleva al quadrato ciascuna differenza**: Per evitare valori negativi e dare maggior peso ai valori distanti dalla media, eleva al quadrato ciascuna differenza ottenuta nel passaggio precedente.
- **Calcola la media delle differenze quadrate**: Somma tutti i quadrati ottenuti nel passaggio precedente e dividi il risultato per il numero totale di dati. Questo calcolo fornisce la varianza.

Formula della Varianza:

La formula matematica per calcolare la varianza è la seguente:

$$Varianza\ (\sigma^2) = Somma\ delle\ differenze\ quadrate\ /\ Numero\ totale\ di\ dati$$

Esempio di Varianza:

Supponiamo di avere l'insieme di dati seguente: 10, 15, 20, 25, 30. Per calcolare la varianza, seguiamo i passaggi:

1. Calcola la media (che abbiamo calcolato precedentemente come 20).
2. Sottrai la media da ciascun dato:

(10 - 20) = -10
(15 - 20) = -5
(20 - 20) = 0
(25 - 20) = 5
(30 - 20) = 10

3. Eleva al quadrato ciascuna differenza:

$(-10)^2 = 100$
$(-5)^2 = 25$
$(0)^2 = 0$
$(5)^2 = 25$
$(10)^2 = 100$

4. 4. Calcola la media delle differenze quadrate:

$$\sigma^2 = (100 + 25 + 0 + 25 + 100) / 5 = 250 / 5 = 50$$

La varianza di questo insieme di dati è 50.

<u>Interpretazione della Varianza:</u>

Una varianza più alta indica una maggiore dispersione dei dati rispetto alla media, mentre una varianza più bassa indica che i dati sono più vicini alla media. La varianza è una misura importante perché fornisce informazioni sulla variabilità e la distribuzione dei dati. Tuttavia, è espressa in unità quadratiche, il che può rendere difficile la sua interpretazione diretta. Per ottenere una misura della dispersione in unità originali, spesso si calcola la deviazione standard, che è la radice quadrata della varianza

Deviazione standard

La deviazione standard (spesso indicata come σ) è una misura di dispersione o variabilità dei dati in una distribuzione statistica. In altre parole, indica quanto i dati tendono a deviare dalla media. Una deviazione standard più piccola significa che i dati sono concentrati più vicino alla media, mentre una deviazione standard più grande indica una maggiore dispersione dei dati.

Nel caso di una distribuzione normale, una deviazione standard di 1 è spesso chiamata "distribuzione normale standard" o "distribuzione normale con deviazione standard unitaria". In questa distribuzione, la media è 0 e la deviazione standard è 1

Tuttavia, nelle applicazioni reali, le distribuzioni normali possono avere medie e deviazioni standard diverse, a seconda del fenomeno o dei dati che stai analizzando. Ad esempio, se stai analizzando le altezze degli studenti di una classe, la media potrebbe essere 165 cm e la deviazione standard potrebbe essere 10 cm.

La deviazione standard è un parametro importante perché fornisce informazioni sulla dispersione dei dati e può essere utilizzata per calcolare intervalli di confidenza, effettuare test statistici e valutare la probabilità dei dati in una determinata regione della distribuzione normale. Quindi, quando si lavora con distribuzioni normali, è comune considerare diverse deviazioni standard per comprendere meglio la variabilità dei dati.

Puoi calcolare la deviazione standard utilizzando la seguente formula:

$$\sigma = \sqrt{\frac{1}{N}\sum_{i=1}^{N}(x_i - \mu)^2}$$

Distribuzione statistica

Le distribuzioni statistiche sono uno strumento fondamentale nella statistica e nell'analisi dei dati. Sono utilizzate per descrivere come i dati sono distribuiti all'interno di un insieme e per comprendere le caratteristiche chiave delle variabili misurate. In questa sezione esploreremo il concetto di distribuzione statistica, le sue diverse tipologie e come esse si applicano in vari contesti.

Definizione di Distribuzione Statistica

Una distribuzione statistica rappresenta il modo in cui i dati sono distribuiti o disposti all'interno di un insieme. Essa fornisce informazioni su quali valori siano più comuni, quali siano gli estremi e come i dati siano distribuiti intorno a una media o a un valore centrale. Le distribuzioni statistiche possono essere visualizzate tramite grafici e descritte utilizzando parametri statistici.

Tipi di Distribuzioni Statistiche

Esistono diverse tipologie di distribuzioni statistiche, ciascuna con le proprie caratteristiche e applicazioni. Alcune delle distribuzioni più comuni includono:

- **Distribuzione Normale (o Gaussiana)**: Questa è una delle distribuzioni più familiari e viene spesso utilizzata per modellare fenomeni naturali, come altezze umane o errori di misura. Ha una forma a campana simmetrica e può essere completamente descritta da due parametri: la media e la deviazione standard.

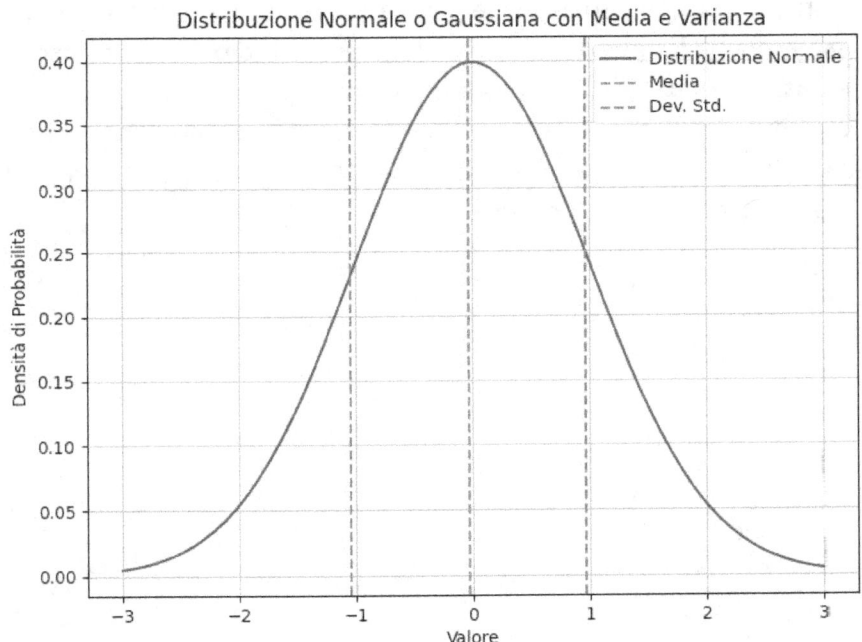

- **Distribuzione Binomiale**: Questa distribuzione è spesso utilizzata per risolvere problemi che coinvolgono il conteggio di eventi binari (due possibili esiti) in un certo numero di prove indipendenti. Esempi comuni di situazioni in cui la distribuzione binomiale è applicabile includono il lancio di una moneta (dove il successo potrebbe essere "testa" e il fallimento "croce"), o ad esempio il tasso di successo delle vendite in un'azienda.

- **Distribuzione di Poisson**: Questa distribuzione è una distribuzione di probabilità discreta che modella il numero di eventi rari che si verificano in un intervallo di tempo o spazio fisso, dove gli eventi sono indipendenti e si verificano con una frequenza media nota. Questa distribuzione è spesso utilizzata per modellare eventi rari o imprevisti, come incidenti stradali, chiamate telefoniche in un centro di assistenza, errori di stampa in un libro

- **Distribuzione Esponenziale**: Questa distribuzione è una distribuzione di probabilità continua utilizzata per descrivere il tempo di attesa tra eventi successivi in un modo casuale e senza una struttura predefinita. In altre parole, essa modella la durata o il ritmo a cui eventi indipendenti si verificano nel tempo. Essa è spesso utilizzata per analizzare situazioni in cui gli eventi si verificano in modo imprevisto e senza uno schema regolare, come il tempo tra le chiamate telefoniche in un call center o il tempo tra le emissioni di particelle radioattive da una sorgente.

Preparazione dei Dati

Cos'è un Dataset e la sua Importanza nel Machine Learning

Un dataset è un insieme organizzato di dati, solitamente rappresentati in forma tabulare o strutturata, che contiene informazioni relative a un particolare dominio o problema. In ambito di Machine Learning, i dataset svolgono un ruolo cruciale poiché costituiscono la materia prima su cui vengono addestrati e testati gli algoritmi di apprendimento automatico.

I dataset contengono due componenti fondamentali:

- **Caratteristiche (Features)**: Le caratteristiche sono le variabili o gli attributi che descrivono ogni esempio o istanza nel dataset. Ad esempio, in un dataset di automobili, le caratteristiche potrebbero includere la marca, il modello, l'anno di produzione, la potenza del motore e così via. Le caratteristiche sono utilizzate dall'algoritmo di Machine Learning per apprendere i modelli e fare previsioni.

- **Etichette (Labels o Target):** Le etichette sono i risultati desiderati o le risposte che l'algoritmo di Machine Learning cerca di predire. Ad esempio, in un dataset di riconoscimento di immagini di animali, le etichette potrebbero indicare se un'immagine contiene un cane, un gatto o un uccello. Nelle applicazioni di classificazione, le etichette sono spesso le categorie o le classi che si vogliono predire.

L'importanza dei dataset nel Machine Learning è cruciale per diverse ragioni:

- **Addestramento e Valutazione dei Modelli**: I dataset vengono utilizzati per addestrare i modelli di Machine Learning. Gli algoritmi apprendono dai dati forniti e cercano di scoprire pattern o relazioni tra le caratteristiche e le etichette. In seguito, i dataset vengono anche utilizzati per valutare le prestazioni dei modelli, misurando quanto bene riescono a fare previsioni accurate.

- **Generalizzazione**: L'obiettivo principale dell'apprendimento automatico è la capacità di generalizzazione, ovvero la capacità di fare previsioni accurate su nuovi dati non visti durante l'addestramento. Un dataset ben costruito consente di migliorare la capacità di un modello di generalizzare e di adattarsi a situazioni reali.

- **Scoperta di Pattern**: I dataset contengono informazioni nascoste e pattern che possono essere difficili da rilevare a occhio nudo. Gli algoritmi di Machine Learning sono in grado di estrarre tali pattern e utilizzarli per fare previsioni o prendere decisioni.

- **Risolvere Problemi Complessi**: Nei problemi complessi, come il riconoscimento di immagini o il trattamento del linguaggio naturale, i dataset rappresentano una fonte fondamentale di dati per addestrare modelli che superino le prestazioni umane in alcune attività.

Esplorazione dei dataset: Strutturati e non strutturati

La fase di esplorazione dei dataset è un passaggio cruciale nel processo di sviluppo di soluzioni di Machine Learning. Prima di procedere con l'addestramento dei modelli, è fondamentale acquisire una comprensione approfondita dei dati a nostra disposizione. I dataset possono essere categorizzati in due tipologie principali: strutturati e non strutturati.

Dataset Strutturati

I dataset strutturati sono organizzati in modo tabulare, come tabelle di database o fogli di calcolo. Ogni riga della tabella rappresenta un esempio o un'istanza, mentre le colonne corrispondono alle caratteristiche o attributi degli esempi. Questa struttura tabulare facilita l'accesso e la manipolazione dei dati utilizzando gli strumenti di analisi dati, come ad esempio la libreria *Pandas* nel linguaggio di programmazione Python.

Una delle caratteristiche principali dei dataset strutturati è la presenza di etichette o target associati a ciascun esempio. Ad esempio, in un dataset di vendite, potremmo avere attributi come il prezzo, il prodotto, la data di vendita e il cliente, con una colonna aggiuntiva che indica se la transazione è stata completata o meno. Questa colonna di etichette ci permette di utilizzare il dataset per addestrare modelli di apprendimento supervisionato, come quelli per la classificazione o la regressione.

Durante l'esplorazione dei dataset strutturati, è importante analizzare alcune caratteristiche chiave:

- **Dimensione del Dataset**: La prima cosa da osservare è il numero di righe e colonne presenti nel dataset. Questa informazione ci fornisce una panoramica sulla mole di dati con cui stiamo lavorando.
- **Analisi delle Caratteristiche**: Esaminare le caratteristiche presenti nel dataset è essenziale per comprenderne la natura e il significato. Dovremmo identificare le variabili target (colonne di etichette) e le variabili predittive (colonne di attributi/caratteristiche).
- **Statistiche Descrittive**: Calcolare statistiche descrittive come la media, la deviazione standard, il valore minimo e massimo, e altre misure riassuntive delle variabili numeriche ci fornisce una comprensione delle distribuzioni dei dati e possibili anomalie.
- **Dati Mancanti**: Verificare la presenza di dati mancanti nelle colonne del dataset è importante perché i dati mancanti potrebbero influenzare l'addestramento dei modelli e richiedere azioni di imputazione (processo di sostituzione o stima dei valori mancanti) o eliminazione.
- **Correlazioni**: Analizzare le correlazioni tra le variabili ci permette di individuare eventuali relazioni o dipendenze tra gli attributi, cosa che può essere utile per la selezione delle features e la comprensione dei pattern nei dati.

Dataset non Strutturati

A differenza dei dataset strutturati, i dataset non strutturati non seguono uno schema tabulare e possono essere costituiti da testo, immagini, audio, video e altro. Questi dati richiedono approcci differenti per l'esplorazione e l'analisi.

Alcuni esempi di dataset non strutturati includono:

- **Testo**: I dati testuali possono essere analizzati per estrarre informazioni utili utilizzando tecniche di analisi del linguaggio naturale (NLP). L'esplorazione dei dati testuali può includere l'individuazione delle parole chiave, l'analisi dei sentimenti, la categorizzazione dei documenti e altro ancora.
- **Immagini**: I dataset di immagini richiedono tecniche di visione artificiale per estrarre feature e riconoscere oggetti, volti, pattern o altro all'interno delle immagini.
- **Audio**: I dati audio possono essere analizzati per riconoscere suoni, voci o persino per effettuare trascrizioni automatiche.
- **Video**: L'analisi dei dati video può comprendere il rilevamento di movimenti, l'identificazione di oggetti in movimento o il riconoscimento di azioni.

Per esplorare i dataset non strutturati, è necessario utilizzare tecniche specifiche e librerie specializzate nel trattamento di questi tipi di dati. Ad esempio, per l'analisi dei testi, potremmo utilizzare libreria Python *NLP* come NLTK (Natural Language Toolkit) o *spaCy*, mentre per le immagini, potremmo fare affidamento su framework di deep learning come *TensorFlow* o *PyTorch*.

Importanza dell'esplorazione dei Dataset

L'esplorazione accurata dei dataset è fondamentale per comprendere la natura e la qualità dei dati con cui stiamo lavorando. Un'analisi approfondita ci permette di identificare eventuali problematiche, come dati mancanti o *outlier* (osservazioni/esempi che sono molto diversi dalla maggioranza dei dati nel dataset e possono essere il risultato di errori di misurazione, errori di acquisizione dei dati o, in alcuni casi, rappresentare eventi veri ma rari o inusuali), e di preparare i dati per l'addestramento dei modelli di Machine Learning. Un dataset ben esplorato contribuisce a modelli più accurati e a risultati migliori nell'applicazione pratica del Machine Learning.

Label Encoding e One-Hot Encoding

Nell'analisi dei dati strutturati, ci si trova spesso ad affrontare variabili categoriche, che rappresentano attributi che assumono valori da un insieme di categorie predefinite anziché essere espressi in forma numerica. Le variabili categoriche sono comuni nei dataset e possono rappresentare diverse informazioni, come il genere di una persona, il colore di un oggetto o il tipo di prodotto acquistato. Tuttavia, la maggior parte degli algoritmi di Machine Learning richiede dati numerici per poter essere addestrati in modo efficace. Qui entrano in gioco due tecniche di encoding comuni: il *Label Encoding* e il *One-Hot Encoding*.

Label Encoding

Il Label Encoding è una tecnica che trasforma le variabili categoriche in valori numerici interi. Ogni categoria unica viene assegnata a un numero intero univoco. Questo approccio è particolarmente adatto per variabili ordinali, in cui l'ordine delle categorie ha un significato specifico. Ad esempio, una variabile che rappresenta il livello di istruzione può essere codificata come "1" per la scuola elementare, "2" per la scuola media, "3" per la scuola superiore e così via.

Tuttavia, è importante tenere presente che il *Label Encoding* potrebbe non essere appropriato per tutte le variabili categoriche, soprattutto per quelle nominali senza un ordine intrinseco. In tali casi, assegnare numeri alle categorie potrebbe portare a interpretazioni errate e influenzare negativamente i risultati dell'analisi.

One-Hot Encoding

Il One-Hot Encoding è una tecnica che converte le variabili categoriche in variabili binarie, creando una colonna separata per ciascuna categoria unica. Ogni colonna binaria rappresenta una categoria, e il valore "1" viene assegnato alla colonna corrispondente alla categoria presente nell'osservazione, mentre gli altri valori sono impostati a "0". Questo approccio è particolarmente adatto per le variabili nominali, in cui le categorie non hanno un ordine intrinseco e non possono essere confrontate direttamente tra loro. Ad esempio, supponiamo di avere un dataset di persone e vogliamo rappresentare il colore degli occhi come variabile categorica da codificare con *One-Hot Encoding*. I possibili colori degli occhi sono: "Marrone", "Blu", "Verde" e "Grigio". Ecco come potremmo rappresentare questa variabile:

Persona	Colore_oc chi_marro ne	Colore_occ hi_blu	Colore_occh i_verde	Colore_occh i_grigio
Persona1	1	0	0	0
Persona2	0	1	0	0
Persona3	0	0	1	0
Persona4	0	0	0	1
Persona5	1	0	0	0

Il One-Hot Encoding aumenta la dimensionalità del dataset, ma è essenziale quando si lavora con algoritmi di Machine Learning che si basano su distanze tra i dati, come gli algoritmi basati su *alberi di decisione* o *support vector machine*. Inoltre, questa tecnica evita il rischio di assegnare importanza o ordine tra le categorie, migliorando la rappresentazione dei dati categorici.

Confronto tra Label Encoding e One-Hot Encoding

La scelta tra il Label Encoding e il One-Hot Encoding dipende dal tipo di variabile categorica e dalla natura dell'analisi o del modello di Machine Learning che si sta utilizzando.

In generale:

- Il **Label Encoding** è utile per variabili ordinali, in cui l'ordine delle categorie ha un significato intrinseco e può essere trasformato in valori numerici senza perdita di informazioni.

- Il **One-Hot Encoding** è adatto per variabili nominali, dove le categorie non hanno un ordine intrinseco e l'uso di numeri potrebbe implicare erroneamente una relazione ordinale tra di esse.

Gestione delle Colonne Ambigue

Un aspetto importante del One-Hot Encoding è la gestione delle colonne ambigue. Ciò può accadere quando alcune colonne possono essere dedotte da altre colonne nel dataset. Ad esempio, Immagina di avere un dataset con informazioni su animali domestici, incluso il tipo di animale e il colore del pelo. Ecco come potrebbe apparire una parte di questo dataset:

Animale	ColorePelo
Gatto	Bianco
Cane	Nero
Gatto	Nero
Cane	Bianco
Gatto	Bianco

Ora, supponiamo che vogliamo codificare la variabile "ColorePelo" con One-Hot Encoding. Creeremmo colonne dummy per ciascun colore possibile:

Animale	ColorePelo_Bianco	ColorePelo_Nero
Gatto	1	0
Cane	0	1
Gatto	0	1
Cane	1	0
Gatto	1	0

Ora, notiamo che le colonne "ColorePelo_Bianco" e "ColorePelo_Nero" rappresentano effettivamente lo stesso concetto: il colore del pelo dell'animale. Questo è un esempio di colonne ambigue perché entrambe forniscono la stessa informazione.

Per gestire questa situazione, potremmo decidere di rimuovere una delle colonne ambigue. Ad esempio, potremmo rimuovere la colonna "ColorePelo_Bianco" perché la presenza del valore "1" nella colonna "ColorePelo_Nero" indica automaticamente che il pelo non è bianco. Questa mossa semplifica il dataset e riduce la ridondanza.

Il risultato finale potrebbe apparire così:

Animale	ColorePelo_Nero
Gatto	0
Cane	1
Gatto	1
Cane	0
Gatto	0

In questo modo, abbiamo gestito con successo le colonne ambigue, mantenendo solo una colonna "ColorePelo_Nero" che rappresenta efficacemente il colore del pelo degli animali nel nostro dataset.

Nell'esempio precedente, abbiamo illustrato il concetto di gestione delle colonne ambigue nel One-Hot Encoding utilizzando un caso semplificato con solo due colori del pelo: 'Nero' e 'Grigio'. Tuttavia, nella pratica, è essenziale considerare tutte le possibili categorie della variabile categorica e creare colonne dummy corrispondenti a ciascuna di esse. Ad esempio, se un animale ha il pelo di colore 'Grigio', dovremmo aggiungere una colonna 'ColorePelo_Grigio' come spiegato in precedenza per rappresentare questa categoria specifica.

Gestione dei dati mancanti

La gestione dei dati mancanti è una fase cruciale nell'analisi dei dataset strutturati e nell'implementazione di modelli di Machine Learning. I dati mancanti possono derivare da vari fattori, come errori di acquisizione, errori umani o semplicemente perché alcune informazioni non sono state fornite dai soggetti coinvolti. La presenza di dati mancanti può avere un impatto significativo sull'accuratezza e l'affidabilità dei modelli di Machine Learning, poiché alcuni algoritmi potrebbero non essere in grado di gestire dati mancanti o potrebbero produrre risultati distorti se non trattati adeguatamente.

Strategie per la Gestione dei Dati Mancanti

Esistono diverse strategie per trattare i dati mancanti, a seconda del contesto dell'analisi e delle caratteristiche del dataset. Alcune delle strategie comuni includono:

- **Rimozione delle Righe o Colonne**: Una delle strategie più semplici consiste nell'eliminare le righe o le colonne che contengono dati mancanti. Se il numero di righe con dati mancanti fosse limitato rispetto alla dimensione totale del dataset, questa potrebbe essere una soluzione valida. Tuttavia, è importante esaminare attentamente l'impatto di questa scelta sulla quantità di dati disponibili per l'analisi e l'addestramento del modello.

- **Imputazione con la Media o la Mediana**: Questa strategia consiste nel sostituire i valori mancanti con la media o la mediana della colonna corrispondente. Questo approccio è particolarmente adatto per variabili numeriche e può essere utile quando il numero di dati mancanti è relativamente piccolo.

- **Imputazione con Moda o Valore Più Comune**: Per variabili categoriche, è possibile imputare i valori mancanti con la moda, cioè il valore più comune nella colonna. Questa strategia è appropriata quando la variabile ha una distribuzione fortemente sbilanciata e la maggior parte dei valori è concentrata su un'unica categoria.

- **Imputazione Basata su Modelli**: In alcuni casi, è possibile utilizzare modelli di Machine Learning per stimare i valori mancanti. Questo approccio richiede di suddividere il dataset in due parti: una parte contenente le righe con dati mancanti e una parte contenente le righe con dati completi. Successivamente, un modello viene addestrato sulla parte con dati completi e utilizzato per predire i valori mancanti nella parte con dati mancanti.

- **Imputazione per Ripartizione**: Questa strategia prevede di suddividere il dataset in sottogruppi in base a determinate caratteristiche e successivamente imputare i valori mancanti in ciascun sottogruppo. Ad esempio, se il dataset rappresenta dati di pazienti in diverse città, è possibile imputare i dati mancanti per ciascuna città separatamente.

Lo Splitting del Dataset per Training e Testing

Quando si lavora con modelli di Machine Learning, è fondamentale suddividere il dataset in due parti distinte: il set di addestramento (training set) e il set di test (test set). Questa pratica, conosciuta come "splitting del dataset", è essenziale per valutare le prestazioni del modello in modo imparziale e garantire che il modello sia in grado di generalizzare correttamente su nuovi dati.

L'importanza dello Splitting del Dataset

Il processo di addestramento di un modello di Machine Learning prevede che il modello impari dai dati presenti nel set di addestramento. Una volta addestrato, il modello viene valutato sul set di test, che contiene dati diversi da quelli utilizzati durante l'addestramento. Questa separazione tra dati di addestramento e dati di test è fondamentale per misurare l'effettiva capacità di generalizzazione del modello. Senza uno splitting adeguato, il modello potrebbe essere eccessivamente adattato (overfitting) ai dati di addestramento, riducendo così la sua capacità di fare previsioni precise su nuovi dati.

Metodi di Splitting del Dataset

Esistono diversi metodi comuni per dividere il dataset in set di addestramento e test:

- **Hold-Out Method**: Questo è uno dei metodi più semplici e comuni. Si tratta di dividere il dataset in due parti, di solito assegnando il 70-80% dei dati al set di addestramento e il restante 20-30% al set di test. Questo approccio è veloce e sufficiente per molti scenari, ma è importante assicurarsi che i dati siano divisi in modo casuale per evitare qualsiasi potenziale bias.

- **Cross-Validation**: Questo approccio è utile quando il dataset è relativamente piccolo o quando si desidera ottenere una stima più accurata delle prestazioni del modello. Il cross-validation prevede di suddividere il dataset in diverse parti, di solito chiamate "fold", e di utilizzarle in sequenza come set di test mentre le rimanenti parti costituiscono il set di addestramento. Questo processo viene ripetuto diverse volte, e le prestazioni del modello vengono aggregate per ottenere una stima più affidabile delle prestazioni generali.

- **Stratified Sampling**: Questo metodo è particolarmente utile quando il dataset è sbilanciato rispetto alle classi delle variabili target. L'obiettivo è garantire che la distribuzione delle classi sia mantenuta sia nel set di addestramento che nel set di test. In questo modo, il modello viene esposto a dati rappresentativi di tutte le classi durante l'addestramento e la valutazione. Immagina di avere un dataset in cui hai una variabile target che può assumere due o più categorie (classi), ma la distribuzione delle classi non è equilibrata. Ad esempio, potresti avere un dataset in cui la variabile target rappresenta la soddisfazione del cliente e le categorie sono "Soddisfatto" e "Insoddisfatto". Tuttavia, potrebbe accadere che la maggior parte dei casi sia etichettata come "Soddisfatto" (ad esempio, il 90% dei dati), mentre solo una piccola percentuale sia etichettata come "Insoddisfatto" (il restante 10%).
- In questa situazione, il dataset è sbilanciato, il che significa che hai molte più osservazioni in una classe rispetto all'altra. In questo esempio entra in gioco lo stratified sampling.

Conclusioni

Lo splitting del dataset in set di addestramento e test è una pratica fondamentale nell'implementazione di modelli di Machine Learning. Questo approccio garantisce che il modello sia valutato in modo imparziale e che sia in grado di generalizzare correttamente su nuovi dati. La scelta del metodo di splitting dipende dal tipo di dataset, dalle dimensioni e dal livello di rappresentatività delle classi. Inoltre, è importante tenere presente che lo splitting è solo uno dei molti passaggi critici nella creazione di modelli di Machine Learning accurati ed efficaci.

Apprendimento Supervisionato

L'apprendimento supervisionato è una delle principali categorie dell'apprendimento automatico, ed è ampiamente utilizzato per risolvere problemi di classificazione e regressione. In questo approccio, un modello viene addestrato su un insieme di dati di addestramento etichettati, dove le etichette rappresentano l'output desiderato. L'obiettivo dell'apprendimento supervisionato è la creazione di una funzione di mappatura tra gli input e gli output desiderati.

I Componenti dell'Apprendimento Supervisionato

L'apprendimento supervisionato coinvolge tre componenti principali:

- **Dataset di Addestramento**: Il dataset di addestramento è costituito dai dati di input (caratteristiche) e le rispettive etichette (output desiderato) corrispondenti. Questo insieme di dati è utilizzato per addestrare il modello, cioè per fargli apprendere la relazione tra le caratteristiche e le etichette.

- **Modello di Machine Learning**: Il modello di Machine Learning costituisce la rappresentazione matematica dell'apprendimento. Esso implementa l'algoritmo che verrà utilizzato per apprendere i dati di addestramento e fare previsioni su nuovi dati. La scelta del modello dipende dal tipo di problema da risolvere (classificazione o regressione) e dalle caratteristiche del dataset.

- **Funzione di Costo**: La funzione di costo è una metrica utilizzata per misurare la discrepanza tra le previsioni del modello e le etichette reali nel dataset di addestramento. L'obiettivo del modello è quello di minimizzare la funzione di costo, in modo da fare previsioni il più accurate possibile. Esistono diverse funzioni di costo a seconda del tipo di problema, come ad esempio l'errore quadratico medio per problemi di regressione.

Il Processo di Addestramento

Il processo di addestramento inizia con l'inizializzazione del modello con parametri casuali. Il modello successivamente utilizza il dataset di addestramento per fare previsioni sulle caratteristiche presenti e confronta queste previsioni con le etichette reali. Quindi, viene calcolata la funzione di costo, misurando l'errore tra le previsioni e le etichette. Il modello adatta quindi i suoi parametri per ridurre l'errore, utilizzando tecniche di ottimizzazione come la discesa del gradiente (vedi la sezione <u>Il metodo della discesa del gradiente</u>). Questo processo di adattamento viene ripetuto iterativamente fino a quando l'errore del modello viene minimizzato o fino a quando viene raggiunto un criterio di stop.

La Valutazione del Modello

Una volta addestrato, il modello viene valutato sul set di test, che contiene dati che non sono stati utilizzati durante l'addestramento. La valutazione è una fase cruciale per misurare le prestazioni del modello sulla generalizzazione dei dati non visti in precedenza. Durante questa fase, il modello genera previsioni sul set di test, e la sua precisione viene valutata utilizzando metriche appropriate, come l'accuratezza per problemi di classificazione o l'errore quadratico medio per problemi di regressione.

Overfitting e Underfitting

Durante l'addestramento, il modello può imbattersi in due problemi comuni: l'overfitting e l'underfitting. L'overfitting si verifica quando il modello si adatta troppo ai dati di addestramento e non riesce a generalizzare bene sui nuovi dati. Al contrario, l'underfitting si verifica quando il modello non riesce a catturare la complessità dei dati di addestramento e ha prestazioni scadenti sia sui dati di addestramento che sui dati di test. Per evitare l'overfitting, è possibile utilizzare tecniche come la regolarizzazione e il cross-validation per trovare un equilibrio tra la complessità del modello e la sua capacità di generalizzazione. Entreremo maggiormente nel dettaglio di questi due concetti nelle sezioni successive.

La Regressione

La regressione è una tecnica di apprendimento supervisionato che si propone di prevedere un valore numerico continuo come risultato, facendo affidamento su relazioni tra diverse variabili. Utilizzando un insieme di dati etichettati, il modello di regressione analizza i pattern e le caratteristiche delle variabili di input per fare previsioni accurate su nuovi dati.

La regressione è come fare previsioni sulla base di ciò che hai visto in passato. Immagina di avere un insieme di dati con informazioni su temperatura e vendite di gelato. Con la regressione, puoi capire come la temperatura influisce sulle vendite. Ad esempio, se fa caldo, le vendite di gelato potrebbero essere alte. Quindi, quando hai una nuova temperatura, la regressione ti aiuta a fare una stima delle vendite. È come imparare una regola matematica dai dati passati per fare previsioni nel futuro. Questo è utile per fare previsioni su valori continui, come il prezzo di una casa in base alle sue caratteristiche.

Questo approccio trova ampie applicazioni in ambiti come previsioni finanziarie, previsione delle vendite e molte altre situazioni in cui si cerca di stimare un valore numerico.

Modelli Lineari per la Regressione

I modelli lineari sono uno dei concetti chiave nell'apprendimento supervisionato e sono comunemente utilizzati per risolvere problemi di regressione. Questi modelli si basano sull'assunzione che esista una relazione lineare tra le variabili di input e l'output desiderato. La regressione lineare è uno degli esempi più semplici di modelli lineari e può essere espressa attraverso un'equazione lineare:

$$y = b_0 + b_1 x_n + b_2 x_2 + \dots + b_n x_n$$

Dove y è l'output desiderato, x_1, x_2, x_n sono le variabili di input e b_0, b_1, b_2, b_n i coefficienti del modello e rappresentano l'intercetta e le pendenze delle variabili di input, rispettivamente.

Addestramento dei Modelli Lineari

L'obiettivo dell'addestramento dei modelli lineari è quello di trovare i valori ottimali per i coefficienti b_0, b_1, b_2, b_n in modo che il modello si adatti meglio ai dati di addestramento. Ciò implica la minimizzazione della funzione di costo, che misura l'errore tra le previsioni del modello e le etichette reali. Inoltre, i modelli lineari possono essere addestrati utilizzando diversi approcci, come ad esempio il metodo della discesa del gradiente.

Regolarizzazione nei Modelli Lineari

Un problema comune nei modelli lineari è l'overfitting, in cui il modello si adatta troppo ai dati di addestramento e non generalizza bene su nuovi dati. Per evitare l'overfitting, è possibile utilizzare tecniche di regolarizzazione. La regolarizzazione aggiunge un termine di penalità alla funzione di costo in modo da ridurre i coefficienti del modello e prevenire l'eccessiva complessità. Due tipi comuni di regolarizzazione sono la regolarizzazione L1 (lasso) e la regolarizzazione L2 (ridge), che vedremo nella sezione Regolarizzazione L1 e L2.

Vantaggi e Limitazioni dei Modelli Lineari

I modelli lineari hanno diversi vantaggi, tra cui la semplicità e l'interpretabilità. Sono modelli facili da interpretare poiché ogni coefficiente è associato a una variabile di input specifica e rappresenta l'effetto di quella variabile sull'output. Inoltre, i modelli lineari possono funzionare bene con dataset di grandi dimensioni e sono relativamente veloci da addestrare.

Tuttavia, i modelli lineari hanno alcune limitazioni. Innanzitutto, assumono una relazione lineare tra le variabili di input e l'output, il che potrebbe non essere sempre realistico per alcuni problemi complessi. Inoltre, possono essere sensibili ai dati anomali nel dataset, poiché cercano di minimizzare l'errore complessivo, anche se questo significa fare previsioni errate per alcuni punti. Per ovviare a queste limitazioni, è possibile utilizzare modelli più complessi o tecniche di preelaborazione dei dati.

Regressione lineare semplice

La regressione lineare semplice è una tecnica utilizzata per modellare la relazione tra una variabile dipendente (o target) e una singola variabile indipendente (o caratteristica) continua. La regressione lineare semplice assume una relazione lineare tra le due variabili e cerca di trovare la migliore retta di regressione che rappresenti al meglio i dati.

Equazione della Regressione Lineare Semplice

L'equazione della regressione lineare semplice può essere espressa come:

$$y = b_0 + b_1 x$$

Dove:

- y è la variabile dipendente (target) che vogliamo prevedere.
- x è la variabile indipendente (caratteristica/feature) utilizzata per fare la previsione.
- b_0 è l'intercetta, rappresenta il valore di y quando x è uguale a zero.
- b_1 è il coefficiente della variabile indipendente, rappresenta l'aumento di y per un'unità di aumento di x.

Stima dei Coefficienti

La stima dei coefficienti b_0, b_1 viene effettuata durante il processo di addestramento del modello di regressione lineare. L'obiettivo è minimizzare la somma dei quadrati degli errori (SSE) tra i valori predetti dal modello e i valori veri del target (etichette). Questo processo viene generalmente realizzato utilizzando il metodo dei minimi quadrati.

$$SSE = \sum_{i=1}^{n} (y_i - \hat{y}_i)^2$$

Dove:

- n è il numero di punti dati nel dataset.
- y_i rappresenta il valore vero del target (variabile dipendente) per l'osservazione o esempio

- $\hat{y}_i$ rappresenta il valore predetto del target per l'osservazione i calcolato utilizzando l'equazione della regressione lineare definita sopra

La minimizzazione dell'SSE può essere fatta tramite l'utilizzo del metodo della discesa del gradiente (vedi <u>Il metodo della discesa del gradiente</u>)

<u>Valutazione del Modello</u>

Una volta addestrato il modello, è importante valutarne le prestazioni. Una delle metriche che viene utilizzata è l' R-quadrato (R^2), che ci dice quanto bene il modello spiega la variazione nei dati osservati, ovvero che il modello cerca di capire come una o più cose (che chiamiamo "variabili indipendenti") influenzano un'altra cosa (che chiamiamo "variabile dipendente") in modo matematico.

Ecco come funziona:

- **Variazione totale (TSS - Total Sum of Squares):** Questa è la variazione totale presente nei dati osservati. Misura quanto i valori reali (i dati effettivi) differiscono dalla loro media.
- **Variazione non spiegata (RSS - Residual Sum of Squares):** Questa è la quantità di variazione nei dati che il modello non è in grado di spiegare. È la somma dei quadrati degli errori, ossia la differenza tra i valori previsti dal modello e i valori effettivi.
- **Variazione spiegata (ESS - Explained Sum of Squares):** Questa è la quantità di variazione nei dati che il modello è in grado di spiegare. È la differenza tra la variazione totale e la variazione non spiegata. In altre parole, quanto il modello riduce la variazione rispetto alla semplice media dei dati.

L'R-quadrato è calcolato come:

$$R^2 = 1 - \frac{RSS}{TSS}$$

L'R-quadrato varia da 0 a 1. Ecco come interpretarlo:

- **R-quadrato vicino a 1**: Indica che il modello spiega una grande parte della variazione nei dati e si adatta molto bene ai dati osservati. In altre parole, il modello prevede i dati molto bene.
- **R-quadrato vicino a 0**: Indica che il modello non è in grado di spiegare la variazione nei dati e si adatta male ai dati osservati. In questo caso, il modello potrebbe essere inutile o troppo semplice per catturare la complessità dei dati.

<u>Limitazioni della Regressione Lineare Semplice</u>

La regressione lineare semplice è un metodo potente ma ha alcune limitazioni. Innanzitutto, presuppone una relazione lineare tra le variabili, ma molti fenomeni reali possono avere relazioni più complesse. Inoltre, è sensibile a dati anomali che possono influenzare notevolmente i coefficienti stimati e quindi le previsioni. Infine, la regressione lineare semplice è limitata a prevedere solo valori continui, non è adatta per problemi di classificazione.

Regressione lineare multipla

La regressione lineare multipla è una tecnica utilizzata per modellare la relazione tra una variabile dipendente e due o più variabili indipendenti. A differenza della regressione lineare semplice, dove esiste una sola variabile indipendente, la regressione lineare multipla consente di incorporare più variabili indipendenti nel modello per valutare il loro impatto combinato sulla variabile dipendente.

L'equazione della regressione lineare multipla può essere espressa come:

$$y = b_0 + b_1 x_n + b_2 x_2 + \dots + b_n x_n$$

Dove:

- y è la variabile dipendente (target) che vogliamo prevedere.
- x è la variabile indipendente (caratteristica/feature) utilizzata per fare la previsione.

- $b_0, ..., b_n$ sono i coefficienti di regressione che rappresentano l'effetto delle diverse variabili indipendenti sulla variabile dipendente.
- n è il numero di variabili indipendenti.

Regressione lineare polinomiale

La regressione lineare polinomiale è una variante della regressione lineare semplice che permette di modellare relazioni più complesse tra la variabile dipendente e la variabile indipendente. Mentre nella regressione lineare semplice si utilizza una retta come modello, nella regressione lineare polinomiale si utilizza un polinomio di grado superiore come modello.

L'equazione della regressione lineare polinomiale può essere espressa come:

$$y = b_0 + b_1 x + b_2 x^2 .. + b_n x^n + \varepsilon$$

Dove:

- y è la variabile dipendente (target) che vogliamo prevedere.
- x è la variabile indipendente (caratteristica/feature) utilizzata per fare la previsione.
- $b_0, ..., b_n$ sono i coefficienti di regressione che rappresentano l'effetto di ciascuna potenza della variabile indipendente che contribuisce all'aumento o alla diminuzione di y.
- ε è l'errore residuo, che rappresenta la parte della variabilità di y non spiegata dal modello.

La regressione lineare polinomiale può essere utile quando si osservano relazioni non lineari tra le variabili e si vuole ottenere una migliore adattamento ai dati rispetto alla retta.

Per addestrare un modello di regressione lineare polinomiale, si utilizza un insieme di dati di addestramento contenente i valori delle variabili indipendenti e dipendenti. L'obiettivo è determinare i valori ottimali dei coefficienti di regressione ($b_0, b_1, ..., b_n$) in modo da minimizzare l'errore residuo e ottenere un polinomio che si adatti al meglio ai dati. Il grado del polinomio (n) è un iper-parametro importante nella regressione lineare polinomiale. Un valore troppo basso potrebbe non catturare adeguatamente la complessità dei dati, mentre un valore troppo alto potrebbe portare a un overfitting del modello, adattandosi troppo ai dati di addestramento ma generalizzando male su nuovi dati.

Il metodo della discesa del gradiente

Il metodo del gradiente è un algoritmo di ottimizzazione utilizzato per trovare il minimo di una funzione. Si basa sull'idea di seguire la direzione più ripida di discesa lungo la superficie della funzione per trovare il punto di minimo.

Immagina di trovarti sulla superficie di una collina, e il tuo obiettivo è raggiungere il punto più basso. Sei bendato e puoi solo sentire quanto è ripida la discesa in ogni punto. Quello che fai è prendere piccoli passi nella direzione più ripida verso il punto più basso, finché non ti senti abbastanza piatto e non puoi scendere ulteriormente. Questo processo si ripete fino a raggiungere il punto più basso della collina.

Nel contesto matematico, la "collina" corrisponde alla funzione che vogliamo ottimizzare, e la "direzione più ripida" è indicata dalla derivata della funzione rispetto ai suoi parametri. Il metodo del gradiente calcola la derivata della funzione rispetto ai parametri, determina la direzione di massima pendenza e si muove lungo quella direzione aggiornando i valori dei parametri. Continua questo processo iterativo finché non si raggiunge un punto dove la pendenza è quasi piatta e non ci sono ulteriori miglioramenti significativi da fare.

Gradiente e Discesa del Gradiente

Il gradiente rappresenta la direzione e la pendenza massima di una funzione rispetto ai suoi parametri. La discesa del gradiente è un processo iterativo in cui calcoliamo il gradiente della funzione di costo rispetto ai parametri del modello e utilizziamo questa informazione per spostarci verso il minimo locale della funzione. Questo processo continua fino a quando non si raggiunge una condizione di arresto.

Fasi del Metodo del Gradiente

- **Inizializzazione dei Parametri**: Il processo inizia con l'inizializzazione dei parametri del modello con valori casuali o predefiniti.
- **Calcolo del Gradiente**: Si calcola il gradiente della funzione di costo rispetto ai parametri del modello utilizzando le derivate parziali. Questo fornisce la direzione e l'ampiezza del passo che dobbiamo fare per aggiornare i parametri.
- **Aggiornamento dei Parametri**: Utilizzando il gradiente calcolato, si aggiornano iterativamente i parametri del modello in modo da muoversi verso il minimo locale della funzione di costo.
- **Condizione di Arresto**: Il processo continua fino a quando non si verifica una condizione di arresto, come raggiungere un numero massimo di iterazioni o quando il gradiente diventa sufficientemente piccolo.

Tassi di Apprendimento

Il tasso di apprendimento, noto anche come learning rate, è un iper-parametro critico nel metodo del gradiente. Esso determina la lunghezza del passo che facciamo nella direzione del gradiente durante l'aggiornamento dei parametri. Un tasso di apprendimento troppo piccolo può portare a una convergenza lenta, mentre un tasso di apprendimento troppo grande può causare oscillazioni e difficoltà nel raggiungere l'ottimo globale.

Convergenza e Complessità Computazionale

Il metodo del gradiente non garantisce di raggiungere l'ottimo globale, ma si ferma solitamente in un minimo locale della funzione di costo. La scelta del tasso di apprendimento, la variante del gradiente utilizzata e altre tecniche di ottimizzazione possono influenzare la convergenza del metodo.
Dal punto di vista della complessità computazionale, il metodo del gradiente può richiedere un numero significativo di iterazioni, soprattutto quando si lavora con dataset di grandi dimensioni o modelli complessi. Tuttavia, con le varianti e le

tecniche di ottimizzazione appropriate (che vedremo in seguito), è possibile rendere il processo di addestramento efficiente anche per problemi complessi.

Il metodo della discesa del gradiente per la regressione lineare semplice

Nella regressione lineare semplice, il metodo del gradiente è utilizzato per addestrare il modello di regressione lineare al fine di trovare i migliori valori per i parametri della retta (pendenza e intercetta) in modo che la retta si adatti meglio ai dati di addestramento.

Supponiamo di avere un set di dati di addestramento che consiste in coppie di valori (x, y), dove x è la variabile di input e y è la variabile di output corrispondente che vogliamo prevedere. L'obiettivo è trovare una retta di regressione lineare che rappresenti al meglio la relazione tra x e y.

La retta di regressione lineare ha l'equazione $y = b_0 + b_1 x$, dove b_0 rappresenta l'intercetta e b_1 la pendenza. Inizialmente, si assegnano dei valori casuali a b_0 e b_1. Quindi, si calcola l'errore tra i valori predetti dal modello (utilizzando l'equazione della retta) e i valori reali y estratti dal dataset di addestramento.

Il metodo del gradiente viene quindi utilizzato per aggiornare i valori di b_0 e b_1 in modo da ridurre l'errore complessivo. A ogni iterazione, si calcolano le derivate parziali dell'errore rispetto a b_1 e b_0, che rappresentano la direzione e la pendenza più ripida in cui dovremmo muoverci per ridurre l'errore. Queste derivate ci dicono quanto dobbiamo aggiornare i valori di b_1 e b_0.

Ad esempio, supponiamo che la derivata rispetto a b_1 sia -2 e la derivata rispetto a b_0 sia 3. Questo significa che dobbiamo sottrarre 2 dalla pendenza b_1 e aggiungere 3 all'intercetta b_0 per ridurre l'errore. Continuando con questo processo iterativo, i valori di b_1 e b_0 si avvicineranno progressivamente a quelli ottimali che minimizzano l'errore complessivo.

L'algoritmo continua a iterare finché l'errore raggiunge un valore accettabile o finché non si raggiunge un numero massimo di iterazioni prestabilito.

Esempio

Ecco un esempio dettagliato di regressione lineare utilizzando il metodo della discesa del gradiente per predire il prezzo delle case in base alla loro dimensione (area in metri quadrati).

Dimensione (m^2) X	Prezzo (euro) Y
70	150000
85	185000
100	210000
120	240000
150	300000
180	350000
200	390000
220	430000

L'obiettivo è adattare una retta ($y = b_0 + b_1 x$) ai dati in modo che rappresenti la relazione tra la dimensione e il prezzo.

Metodo della discesa del gradiente:

1. **Inizializzazione dei Coefficienti**: Si inizia con valori iniziali per i coefficienti della retta: $b_0 = 0, b_1 = 0$

2. **Calcolo del Modello**: Si calcola il valore predetto $\hat{y}_i$ per ogni osservazione i utilizzando il modello
$$\hat{y}_i = b_0 + b_1 x_i$$

3. **Calcolo dell'Errore**: Si calcola l'errore per ogni osservazione i come la differenza tra il valore osservato e il valore predetto $e_i = y_i - \hat{y}_i$

4. **Calcolo delle Derivate Parziali dell'SSE rispetto a** b_0 **e** b_1

   Derivata parziale dell'SSE rispetto a b_1 :

$$\frac{d(SSE)}{db_1}_{=i=0}^{8} \sum -2x_i(y_i - (b_0 + b_1 x_i))$$

Derivata parziale dell'SSE rispetto a b_0:

$$\frac{d(SSE)}{db_0}_{=i=0}^{8} \sum -2(y_i - (b_0 + b_1 x_i))$$

5. **Aggiornamento dei coefficienti** b_0 e b_1: Si aggiornano i coefficienti utilizzando il tasso di apprendimento α

$$b_1 = b_1 - \alpha\frac{d(SSE)}{db_1}$$

$$b_0 = b_0 - \alpha\frac{d(SSE)}{db_0}$$

6. **Iterazione**: Si ripetono i passaggi 2-5 per un certo numero di iterazioni.

La Classificazione

La classificazione è un altro dei problemi fondamentali nell'ambito dell'apprendimento automatico. Si tratta di un processo mediante il quale un sistema intelligente o un algoritmo attribuisce a un determinato oggetto o istanza un'etichetta o una classe da un insieme di possibili categorie predefinite. In altre parole, il compito della classificazione consiste nel suddividere i dati in gruppi distinti, ciascuno associato a una specifica categoria.

Il problema della classificazione è onnipresente e lo si può trovare in diverse applicazioni e domini:

- **Riconoscimento di oggetti e immagini**: In questa applicazione, un modello di classificazione viene addestrato per riconoscere oggetti o contenuti presenti in immagini. Ad esempio, un modello potrebbe essere addestrato per identificare animali, automobili o oggetti domestici in fotografie.

- **Riconoscimento di pattern**: La classificazione viene utilizzata per identificare pattern o tendenze nei dati. Ad esempio, un modello di classificazione potrebbe essere impiegato per predire se un cliente sarà interessato a un determinato prodotto basandosi sui suoi comportamenti precedenti.
- **Diagnostica medica**: Nella diagnostica medica, la classificazione è utilizzata per aiutare a identificare malattie o condizioni specifiche basate su segni e sintomi presenti nei dati clinici.
- **Analisi del sentimento**: La classificazione è spesso utilizzata nell'elaborazione del linguaggio naturale per determinare il sentimento associato a una determinata frase o testo, come positivo, neutro o negativo.
- **Filtraggio di spam**: La classificazione è utilizzata nel filtraggio delle e-mail per distinguere tra messaggi spam e legittimi.
- **Rilevamento di frodi**: La classificazione è impiegata per identificare attività sospette o transazioni fraudolente nelle operazioni finanziarie.

Modelli Lineari per la Classificazione

I modelli lineari per la classificazione sono un'importante categoria di algoritmi utilizzati nell'apprendimento supervisionato per risolvere problemi di classificazione. A differenza della regressione, dove l'output desiderato è un valore continuo, la classificazione si occupa di assegnare i dati a categorie o classi specifiche. Questi modelli si basano sull'assunzione che esista una relazione lineare tra le variabili di input e la probabilità di appartenenza a una classe.

La Regressione Logistica

La regressione logistica è uno dei modelli lineari più comuni per la classificazione binaria, dove l'obiettivo è assegnare i dati a una delle due classi possibili. La regressione logistica utilizza una funzione logistica per modellare la probabilità di appartenenza a una classe. L'output del modello è una probabilità compresa tra 0 e 1, e una soglia viene utilizzata per fare la classificazione finale. Se la probabilità stimata è superiore alla soglia, il dato viene assegnato alla classe positiva, altrimenti alla classe negativa.

Il cuore della regressione logistica è la funzione di attivazione sigmoide, definita come:

$$y = \frac{1}{(1 + e^{-z})}$$

dove z rappresenta la combinazione lineare dei coefficienti delle variabili indipendenti e delle rispettive osservazioni ($z = b_0 + b_1 x_n + b_2 x_2 + \dots + b_n x_n$).

In altre parole, si calcola una combinazione pesata delle variabili indipendenti, aggiungendo un termine noto come l'intercetta o "bias", e quindi si applica la funzione sigmoide per trasformare l'output lineare in una probabilità compresa tra 0 e 1.

Il processo di addestramento del modello di regressione logistica prevede di stimare i coefficienti (o pesi) delle variabili indipendenti utilizzando il metodo della massima verosimiglianza. L'obiettivo è trovare i valori dei coefficienti che massimizzano la verosimiglianza dei dati osservati. In altre parole, il modello cerca di trovare i pesi ottimali che rendono più probabile che i dati osservati appartengano alla classe di riferimento o alla classe opposta.

Una volta addestrato il modello, è possibile utilizzarlo per fare predizioni su nuovi dati. Ad esempio, se vogliamo prevedere se un cliente acquisterà un prodotto o meno in base a determinate caratteristiche, possiamo utilizzare il modello di regressione logistica per calcolare la probabilità di acquisto per ciascun cliente. Se la probabilità supera una soglia prefissata (ad esempio 0.5), classificheremo il cliente come appartenente alla classe "1" (acquisto) o "0" (nessun acquisto).

La funzione sigmoide è particolarmente adatta per questa applicazione perché produce output compresi tra 0 e 1, riflettendo le probabilità di appartenenza alle diverse classi. Quando l'input z è molto grande (positivo o negativo), la funzione sigmoide avrà un output molto vicino a 0 o 1, rispettivamente, e quando z è vicino a zero, l'output sarà prossimo a 0.5.

Nonostante la popolarità e l'utilità della regressione logistica, è importante notare alcune delle sue limitazioni. Ad esempio, assume una relazione lineare tra le variabili predittive e la variabile risposta nel *logit* (logaritmo naturale) delle probabilità, il che potrebbe non essere sempre accurato per tutti i casi. Inoltre, la presenza di multicollinearità tra le variabili indipendenti (situazione in cui due o più variabili indipendenti nel modello sono altamente correlate tra loro) può influenzare negativamente la precisione delle stime dei coefficienti. Ad esempio, se due variabili sono molto simili tra loro, il modello potrebbe avere difficoltà a distinguere quale di esse è veramente influente sulla variabile dipendente.

Esempio di regressione logistica

Immaginiamo di avere un dataset che contiene informazioni su alcuni studenti universitari e vogliamo utilizzare la regressione logistica per prevedere se uno studente passerà o non passerà un esame in base al numero di ore di studio.

Supponiamo che il nostro dataset sia composto da due variabili:

- **Ore_di_Studio**: il numero di ore di studio dello studente prima dell'esame.
- **Passato**: una variabile binaria che indica se lo studente ha superato l'esame (1) o meno (0).

Ecco un esempio delle prime cinque righe del nostro dataset:

Ore_di_Studio	Passato
3	0
6	0
4	0
8	1
5	1

L'obiettivo è utilizzare il numero di ore di studio come variabile predittiva per prevedere se uno studente passerà o meno l'esame, rappresentato dalla variabile *Passato*.

Passo 1: Preparazione dei dati

Dividiamo il dataset in un insieme di addestramento e un insieme di test. Ad esempio, possiamo utilizzare il 70% dei dati come insieme di addestramento e il restante 30% come insieme di test.

Passo 2: Addestramento del modello

Utilizziamo l'insieme di addestramento per addestrare il modello di regressione logistica. Durante questa fase, il modello cercherà di stimare i coefficienti b_0 e b_1 che meglio si adattano ai dati osservati.

Per addestrare il modello, utilizziamo la funzione di attivazione sigmoide per calcolare la probabilità che uno studente superi l'esame. L'equazione per z è data da:

$$z = b_0 + b_1 Ore\_di\_Studio$$

Inizializziamo casualmente i coefficienti b_0 e b_1. Ad esempio, possiamo impostare b_0 a -1 e b_1 a 0.5 come valori iniziali.

Iteriamo attraverso il processo di ottimizzazione per addestrare il modello. L'ottimizzazione avviene mediante il metodo della discesa del gradiente, visto in precedenza.

a. **Calcolo del gradiente**: Calcoliamo il gradiente della funzione di costo rispetto ai coefficienti b_0 e b_1 utilizzando l'insieme di addestramento.

b. **Aggiornamento dei coefficienti**: Utilizziamo il gradiente calcolato per aggiornare i coefficienti b_0 e b_1 in direzione opposta al gradiente, moltiplicati per un tasso di apprendimento (learning rate) per regolare la dimensione dei passi di aggiornamento.

Iteriamo i passi a. e b. per un numero prefissato iterazioni o fino a quando l'errore converge a un valore accettabile.

Passo 3: Calcolo della probabilità

Utilizziamo la funzione sigmoide per calcolare la probabilità p che uno studente superi l'esame in base al numero di ore di studio.

$$P(Passato = 1) = \frac{1}{(1 + e^{-z})}$$

Passo 4: Valutazione del modello

Valutiamo le prestazioni del modello sull'insieme di test, utilizzando metriche come l'accuratezza, la precisione, il richiamo, l'F1-score.

Passo 5: Predizione di nuovi dati

Una volta addestrato il modello e valutate le sue prestazioni, possiamo utilizzarlo per fare predizioni su nuovi dati, ossia studenti con nuovi valori di "Ore_di_Studio".

Ad esempio, supponiamo che uno studente abbia studiato per 7 ore. Possiamo calcolare la probabilità che passi l'esame utilizzando la funzione di attivazione sigmoide.

Nell'ipotesi che i coefficienti ottimali, restituiti dal metodo della discesa del gradiente siano $b_0 =$ -2 e $b_1 = 0.8$

$$z = b_0 + b_1 Ore\_di\_Studio$$

$$z = -2.0 + 0.8 * 7$$

$$z = 1.6$$

Ora, calcoliamo la probabilità utilizzando la funzione sigmoide:

$$P(Passato = 1) = \frac{1}{(1 + e^{-z})}$$

$$P(Passato = 1) = \frac{1}{(1 + e^{-1.6})}$$

$$P(Passato = 1) \cong 0.832$$

Quindi, il modello prevede che lo studente ha circa l'83,2% di probabilità di passare l'esame.

Classificazione multiclasse

I modelli lineari possono essere estesi per affrontare problemi di classificazione multiclasse, in cui ci sono più di due classi possibili. Uno degli approcci più comuni per la classificazione multiclasse è il "one-vs-all" (OvA)(ovvero uno contro tutti), in cui vengono addestrati più modelli binari, ciascuno per una classe specifica. Successivamente, il modello che ha prodotto la probabilità più alta è selezionato come previsione finale.

Esempio classificatore multiclasse

Per spiegare meglio il classificatore One vs All (OvA), esamineremo un esempio concreto e il processo di addestramento e predizione.

Immaginiamo di avere un dataset contenente informazioni su vari tipi di animali e vogliamo classificare gli animali in cinque categorie: "Cane", "Gatto", "Pecora", "Elefante" e "Leone". Ogni animale è descritto da diverse caratteristiche, come altezza, peso, lunghezza del corpo.

Ecco le prime cinque righe del nostro dataset:

Altezza (cm)	Peso (kg)	Lunghezza corpo (cm)	Classe
50	10	30	Cane
30	4	20	Gatto

100	60	80	Elefante
80	40	60	Leone
70	30	50	Leone

Passo 1: Preparazione dei dati

Dividiamo il dataset in un insieme di addestramento e un insieme di test, utilizzando ad esempio il 70% dei dati per l'addestramento e il restante 30% per il test.

Passo 2: Addestramento dei classificatori binari

Per classificare gli animali in cinque categorie, addestreremo cinque classificatori binari distinti, uno per ciascuna classe di animale rispetto a tutte le altre classi.

a. Creazione delle etichette binarie:

Modifichiamo le etichette delle classi nel dataset in modo che ogni classe sia etichettata come 1, mentre tutte le altre classi siano etichettate come 0.
Ad esempio, per il classificatore binario "Cane vs All", etichetteremo gli animali di classe "Cane" come 1 e tutti gli altri animali (Gatto, Pecora, Elefante e Leone) come 0.

Altezza (cm)	Peso (kg)	Lunghezza corpo (cm)	Classe	Classe binaria Cane
50	10	30	Cane	1
30	4	20	Gatto	0
100	60	80	Elefante	0
80	40	60	Leone	0
70	30	50	Leone	0

Altezza (cm)	Peso (kg)	Lunghezza corpo (cm)	Classe	Classe binaria Gatto
50	10	30	Cane	0
30	4	20	Gatto	1
100	60	80	Elefante	0

| 80 | 40 | 60 | Leone | 0 |
| 70 | 30 | 50 | Leone | 0 |

Altezza (cm)	Peso (kg)	Lunghezza corpo (cm)	Classe	Classe binaria Elefante
50	10	30	Cane	0
30	4	20	Gatto	0
100	60	80	Elefante	1
80	40	60	Leone	0
70	30	50	Leone	0

Altezza (cm)	Peso (kg)	Lunghezza corpo (cm)	Classe	Classe binaria Leone
50	10	30	Cane	0
30	4	20	Gatto	0
100	60	80	Elefante	0
80	40	60	Leone	1
70	30	50	Leone	1

b. Addestramento dei classificatori binari:

Addestriamo quattro classificatori binari distinti, utilizzando la regressione logistica o un altro algoritmo di classificazione binaria, utilizzando le variabili predittive "Altezza", "Peso" e "Lunghezza_Corpo" per ciascun classificatore binario.

Vediamo come addestrare il classificatore binario della classe Cane.

$$z_{cane} = b_{0_{Cane}} + b_{1_{Cane}} Altezza + b_{2_{Cane}} Peso + b_{3_{Cane}} Lunghezza\_Corpo$$

La funzione sigmoide verrà applicata a z_{cane}

$$P(Cane = 1) = \frac{1}{\left(1 + e^{-z_{cane}}\right)}$$

La stessa procedura deve essere applicata agli altri 3 classificatori.

Durante l'addestramento dei classificatori binari, il modello cercherà di ottimizzare i coefficienti b in modo da ottenere le probabilità corrette per ciascuna classe rispetto alle altre.

Passo 3: Predizione delle probabilità

Dopo aver addestrato tutti e cinque i classificatori binari, possiamo utilizzarli per fare predizioni su nuove osservazioni. Per ogni nuova osservazione, otteniamo le probabilità stimate di appartenenza a ciascuna classe da tutti i classificatori binari.

Supponiamo che, dopo aver addestrato i classificatori binari, otteniamo i seguenti coefficienti:

$$z_{cane} = -2 + 0.01 * Altezza + 0.05 * Peso + 0.08 * Lunghezza\_Corpo$$

$$z_{gatto} = 1.5 + 0.04 * Altezza - 0.02 * Peso + 0.02 * Lunghezza\_Corpo$$

$$z_{elefante} = 0.8 - 0.03 * Altezza + 0.1 * Peso + 0.06 * Lunghezza\_Corpo$$

$$z_{leone} = -1.2 + 0.06 * Altezza + 0.03 * Peso - 0.07 * Lunghezza\_Corpo$$

Ora, supponiamo di avere un nuovo animale con le seguenti caratteristiche:

Altezza = 40 cm, Peso = 5 kg, Lunghezza Corpo = 25 cm.

Usiamo i coefficienti dei classificatori binari per calcolare le probabilità di appartenenza del nuovo animale a ciascuna classe.

$$z_{cane} = -2 + 0.01 * 40 + 0.05 * 5 + 0.08 * 25 = 0.0$$

$$P(Cane = 1) = \frac{1}{\left(1 + e^{-z_{cane}}\right)} = 0.5$$

$$z_{gatto} = 1.5 + 0.04 * 40 - 0.02 * 5 + 0.02 * 25 = 2.1$$

$$P(Gatto = 1) = \frac{1}{\left(1 + e^{-z_{gatto}}\right)} = 0.89$$

$$z_{elefante} = 0.8 - 0.03 * 40 + 0.1 * 5 + 0.06 * 25 = 2.5$$

$$P(Elefante = 1) = \frac{1}{\left(1 + e^{-z_{elefante}}\right)} = 0.92$$

$$z_{leone} = -1.2 + 0.06 * 40 + 0.03 * 5 - 0.07 * 25 = -0.4$$

$$P(Leone = 1) = \frac{1}{\left(1 + e^{-z_{leone}}\right)} = 0.4$$

Passo 4: Scelta della classe finale

Per assegnare l'etichetta multi-classe finale a una nuova osservazione, selezioniamo la classe che ha la probabilità più alta tra le cinque probabilità calcolate dai classificatori binari.

Confrontiamo le quattro probabilità calcolate e assegniamo il nuovo animale alla classe con la probabilità più alta. Nel nostro caso, l'animale ha la probabilità più alta di appartenere alla classe "Elefante" (0.92), quindi assegniamo l'etichetta "Elefante" al nuovo animale.

Questo è un esempio di come utilizzare i classificatori binari addestrati mediante l'approccio *One vs All* per fare predizioni su nuove osservazioni e classificare gli animali in categorie specifiche.

Vantaggi e Limitazioni dei Modelli Lineari per la Classificazione

I modelli lineari per la classificazione hanno diversi vantaggi. Sono modelli semplici ed efficienti, adatti per dataset di grandi dimensioni e possono essere facilmente interpretati. Inoltre, questi modelli forniscono una probabilità stimata di appartenenza a una classe, che può essere utile in alcune applicazioni.

Tuttavia, i modelli lineari per la classificazione hanno alcune limitazioni. Essi sono adatti solo per problemi di classificazione lineare, dove le classi possono essere separate da un iperpiano. Inoltre, possono avere prestazioni scadenti quando le classi non sono ben separabili linearmente o quando le variabili di input sono altamente correlate. Per ovviare a queste limitazioni, possono essere utilizzati modelli più complessi, come le reti neurali o i modelli di supporto vettoriale (SVM).

Modelli di classificazione non lineari

K-Nearest Neighbor (K-NN)

K-Nearest Neighbor (K-NN) è un algoritmo di classificazione non lineare utilizzato nell'apprendimento automatico per assegnare un'etichetta di classe a un punto di dati (singola unità di informazione che contiene le caratteristiche o attributi rilevanti che descrivono un particolare oggetto o evento all'interno di un determinato contesto – rappresenta un'istanza all'interno di un dataset) di test. L'aspetto distintivo di K-NN risiede nella sua capacità di gestire relazioni complesse e non lineari tra le variabili predittive e le etichette di classe. A differenza di alcuni algoritmi lineari, K-NN non fa ipotesi rigide sulla distribuzione dei dati (ovvero non assume una forma parametrica specifica per la distribuzione dei dati, come una distribuzione gaussiana o una retta, che è spesso il caso di alcuni algoritmi parametrici come la regressione lineare: K-NN si adatta direttamente ai dati senza fare queste ipotesi), rendendolo adatto a problemi di classificazione più sofisticati.

Il termine "K" in K-NN rappresenta il numero di punti di dati di addestramento più vicini da considerare per effettuare una previsione sul punto di dati di test. Quando viene richiesto di classificare un nuovo punto di dati, K-NN individua i K punti di addestramento più vicini a esso, utilizzando una metrica di distanza, come la distanza euclidea. Successivamente, effettua una votazione tra questi K punti per determinare la classe più probabile per il punto di test. L'etichetta di classe che riceve la maggioranza dei voti diventa l'etichetta prevista per il punto di test.

Ecco spiegato il K-NN in parole più semplici:

Immagina che tu abbia una collezione di giocattoli diversi, come palloni, puzzle e macchinine. Ognuno di questi giocattoli è diverso, giusto? Bene, K-NN è come un gioco in cui vuoi trovare i giocattoli più simili a uno che hai appena trovato, ma non sai a quale categoria appartiene.

Ecco cosa fai:

- **Guarda i giocattoli vicini**: Guardi i giocattoli che sono più vicini al nuovo giocattolo che hai trovato. Questi giocattoli vicini sono come i tuoi "vicini di casa."
- **Chiedi ai tuoi amici**: Ora, chiedi ai tuoi amici che tipo di giocattoli sono quelli vicini. Ad esempio, se la maggior parte dei tuoi amici dice che i giocattoli vicini sono puzzle, allora potresti pensare che il nuovo giocattolo sia un puzzle!
- **Decidi cosa è**: In base a ciò che i tuoi amici ti dicono, decidi a quale categoria appartiene il nuovo giocattolo. Ad esempio, se la maggior parte dei tuoi amici dice che è un puzzle, allora dici "È un puzzle!"

Quindi, K-NN è come cercare di trovare amici tra i giocattoli e chiedere loro cosa pensano che sia il nuovo giocattolo basandosi su ciò che è vicino ad esso. Aiuta a dare un nome o una categoria al nuovo giocattolo in base a cosa dicono i giocattoli simili vicini.

Dopo questa spiegazione più elementare, vediamo adesso come funziona l'algoritmo K-NN:

- **Dataset di addestramento**: Per iniziare, abbiamo un dataset di addestramento che contiene diversi punti di dati, ognuno con una serie di attributi o caratteristiche (feature) e una classe o un valore obiettivo associato (target). Ad esempio, immaginiamo di avere un dataset di animali con attributi come altezza, peso e lunghezza del corpo, e la classe corrispondente a ciascun animale (es. cane, gatto, elefante, ecc.).

- **Metrica di distanza**: Prima di utilizzare K-NN, dobbiamo definire una metrica di distanza per misurare la similarità tra i punti di dati. La distanza euclidea è la metrica più comune utilizzata, ma è possibile utilizzare altre metriche come la distanza di Manhattan o la distanza di Minkowski. La distanza euclidea tra due punti di dati si calcola in questo modo:

$$Distanza(X,Y) = \sqrt{(X_1 - Y_1)^2 + (X_2 - Y_2)^2 + .. + (X_n - Y_n)^2}$$

- **Scelta di K**: K è un iper-parametro dell'algoritmo e rappresenta il numero di punti di dati vicini che verranno considerati per prendere una decisione. Un valore di K più grande significa che verranno considerati più vicini, rendendo il modello meno sensibile al rumore ma potenzialmente più lento. Un valore di K più piccolo rende il modello più sensibile al rumore ma può catturare meglio le variazioni locali dei dati. La scelta di K dipende dal problema specifico e può essere determinata attraverso la sperimentazione.

- **Fase di previsione**: Per fare previsioni su un nuovo punto di dati, il modello cerca i K punti di dati più vicini nel dataset di addestramento utilizzando la metrica di distanza scelta. In altre parole, misura la distanza tra il nuovo punto e tutti i punti del dataset di addestramento, quindi seleziona i K punti di dati con la distanza più bassa.

- **Classificazione**: Se stiamo utilizzando K-NN per la classificazione, il nuovo punto di dati verrà assegnato alla classe più frequente tra i K punti di dati più vicini.

K-NN è un algoritmo "lazy" o "istanziato", il che significa che non crea un modello globale durante la fase di addestramento, ma memorizza semplicemente tutto il dataset di addestramento. Ciò lo rende più semplice da implementare, ma il costo computazionale durante la fase di previsione aumenta con la dimensione del dataset di addestramento.

Alberi decisionali

Gli alberi decisionali costituiscono un potente algoritmo di classificazione non lineare ampiamente utilizzato nell'apprendimento automatico. La loro peculiarità risiede nel fatto che possono affrontare complessi problemi di classificazione senza fare ipotesi rigide sulla distribuzione dei dati. A differenza di alcuni metodi di classificazione lineare, gli alberi decisionali possono catturare relazioni non lineari tra le caratteristiche del dataset e le etichette di classe.

L'algoritmo costruisce un modello a forma di albero, suddividendo iterativamente il dataset in sottoinsiemi più piccoli, guidato dalle caratteristiche dei dati. Ogni nodo dell'albero rappresenta una caratteristica del dataset, mentre i rami corrispondono ai possibili valori che tale caratteristica può assumere. Inoltre, i nodi interni dell'albero rappresentano le decisioni prese in base alle caratteristiche, mentre le foglie rappresentano le etichette di classe o i valori predetti.

La costruzione dell'albero decisionale si basa sul criterio di massimizzare la purezza dei sottoinsiemi risultanti, cercando di rendere i gruppi di dati il più simili possibile per classe. Il processo di divisione continua fino a quando non viene raggiunto un certo criterio di arresto, come la profondità massima dell'albero o il numero minimo di campioni in una foglia.

Gli alberi decisionali vantano numerosi punti di forza, tra cui l'interpretabilità, la capacità di gestire dati non lineari senza richiedere trasformazioni complesse e la flessibilità nella classificazione di problemi multi-classe. Tuttavia, come qualsiasi algoritmo, presentano anche alcuni svantaggi, come la tendenza all'overfitting e la sensibilità alle variazioni nei dati di addestramento.

Per mitigare gli svantaggi, è possibile ricorrere a tecniche di potatura (pruning), ensemble di alberi come *Random Forest*.

Esercizio

Supponiamo di avere un dataset contenente informazioni su diverse piante, e vogliamo classificarle in base alla loro tipologia: "albero", "arbusto" o "erba". Le caratteristiche dei dati includono altezza, diametro del tronco e numero di foglie. Ecco un esempio semplificato di dati di addestramento:

Tipo di pianta	Altezza (m)	Diametro del tronco (cm)	Numero di foglie
Albero	12	50	500
Arbusto	2	10	50
Erba	0.2	0.1	5
Albero	15	60	700
Arbusto	2.5	8	40
Erba	0.1	0.05	3

Utilizzeremo un albero decisionale per classificare una nuova pianta con le seguenti caratteristiche:

Altezza = 1.8 m, Diametro Tronco = 25 cm, Numero di Foglie = 200.

Creazione dell'albero decisionale:

Iniziamo costruendo l'albero decisionale con il dataset di addestramento. L'algoritmo selezionerà la caratteristica migliore per suddividere il dataset in modo da massimizzare la purezza delle foglie. Supponiamo che, nella prima divisione, l'altezza sia la caratteristica migliore.

L'algoritmo dividerà il dataset in due sottoinsiemi: uno con piante con altezza inferiore o uguale a 2 metri (Erba) e l'altro con piante con altezza superiore a 2 metri (Albero e Arbusto).

Nel sottoinsieme con altezza <= 2 metri, vediamo che ci sono solo piante di tipo Erba; quindi, assegneremo questo nodo foglia come Erba.

Nel sottoinsieme con altezza > 2 metri, l'algoritmo dovrà effettuare ulteriori suddivisioni. Supponiamo che il diametro del tronco sia la caratteristica migliore per la prossima suddivisione.

Struttura dell'albero decisionale:

```
    Altezza <= 2m?
   Yes        No
   /           \
 Erba      Diametro Tronco <= 30cm?
              Yes        No
              /           \
          Arbusto       Albero
```

Classificazione della nuova pianta:

Ora possiamo utilizzare l'albero decisionale per classificare la nuova pianta con le caratteristiche specificate.

- Altezza > 2 metri (Albero o Arbusto).
- Diametro Tronco <= 30 cm (Arbusto).

Quindi, l'algoritmo classificherà la nuova pianta come "Arbusto" in base alle sue caratteristiche.

In questo esempio semplificato, abbiamo costruito un albero decisionale per classificare le piante in base alle loro caratteristiche. Questo è solo un esempio con un numero molto limitato di dati di addestramento, ma in un caso reale, l'algoritmo eseguirebbe ulteriori divisioni per affinare le previsioni e ottenere un modello più accurato e generalizzato.

Foreste casuali

Le *Foreste Casuali*, o *Random Forest*, sono uno dei più potenti algoritmi di apprendimento automatico per la classificazione e la regressione. Si tratta di un tipo di ensemble learning, una tecnica che combina diverse istanze di un modello di base per ottenere una previsione più accurata e stabile. Le Foreste Casuali fondono la potenza degli alberi decisionali con il concetto di "voto della maggioranza" per produrre previsioni robuste e generalizzate.

Il Funzionamento delle Foreste Casuali:

L'idea chiave delle Foreste Casuali è la creazione di una "foresta" di alberi decisionali, ognuno costruito utilizzando un sottoinsieme casuale e diverso dei dati di addestramento. Inoltre, durante la costruzione di ciascun albero, solo un sottoinsieme delle caratteristiche disponibili viene considerato per la divisione dei nodi. Questo processo di campionamento casuale e sotto campionamento delle caratteristiche rende ogni albero diverso e riduce il rischio di overfitting, migliorando così la generalizzazione del modello.

Il processo di addestramento delle Foreste Casuali si può riassumere nei seguenti passaggi:

- **Sotto campionamento dei Dati**: Prima della costruzione di ciascun albero, vengono selezionati casualmente un certo numero di campioni (con possibilità di ripetizione) dal dataset di addestramento. Questo sotto campionamento viene chiamato *Bootstrap Sampling* o *Bagging*. Questo campionamento casuale crea diversità tra gli alberi, consentendo loro di catturare diverse parti del dataset.

- **Sotto campionamento delle Caratteristiche**: Durante la costruzione di ciascun albero, solo un sottoinsieme casuale delle caratteristiche del dataset viene considerato per la divisione dei nodi. Questo processo è noto come *Random Feature Subspacing*. La selezione casuale delle caratteristiche rende gli alberi ancora più diversi e aiuta a evitare la dominanza di una singola caratteristica.

- **Costruzione degli Alberi**: Per ciascun sottoinsieme di dati e caratteristiche, viene costruito un albero decisionale fino a raggiungere un criterio di arresto, come la profondità massima dell'albero o il numero minimo di campioni in un nodo foglia.

- **Voto della Maggioranza**: Una volta costruita l'intera foresta di alberi, per una previsione di classificazione, ciascun albero vota per la classe prevista. La classe con il maggior numero di voti è considerata la previsione finale.

Vantaggi delle Foreste Casuali:

Le Foreste Casuali presentano numerosi vantaggi:

- **Alta Precisione**: Le Foreste Casuali producono previsioni accurate grazie alla combinazione di diversi alberi, ognuno con una visione diversa dei dati.

- **Robustezza**: Le Foreste Casuali sono meno sensibili ai dati rumorosi e agli outlier rispetto a un singolo albero decisionale.
- **Limita l'Overfitting**: Grazie al sotto campionamento casuale dei dati e delle caratteristiche, le Foreste Casuali riducono il rischio di overfitting.
- **Versatilità**: Le Foreste Casuali possono essere utilizzate per problemi di classificazione e regressione, nonché per affrontare problemi multi classe e multi output.
- **Interpretabilità**: Sebbene meno interpretabili di un singolo albero, le Foreste Casuali consentono di valutare l'importanza delle caratteristiche nel processo di previsione.

Svantaggi delle Foreste Casuali:

I principali svantaggi delle Foreste Casuali sono:

- **Complessità Computazionale**: Addestrare una foresta con molti alberi può richiedere più risorse computazionali rispetto a un singolo albero.
- **Maggiore Spazio Occupato**: La memoria richiesta per memorizzare una foresta è maggiore rispetto a quella richiesta per un singolo albero.
- **Meno Interpretabilità**: Mentre un singolo albero può essere facilmente visualizzato e compreso, la combinazione di più alberi rende la foresta complessa da interpretare.

Un esempio comune di applicazione delle Foreste Casuali è la classificazione di e-mail come "spam" o "non spam" (ham) basandosi sul contenuto del testo dell'e-mail e altre caratteristiche associate.

Macchine a vettori di supporto (SVM)

Le *Macchine a Vettori di Supporto* (SVM) rappresentano un algoritmo di apprendimento automatico utilizzati sia per la classificazione che per la regressione. Introdotte da *Vapnik* e *Cortes* negli anni '90, le SVM si sono dimostrate efficaci in una vasta gamma di applicazioni grazie alla loro capacità di gestire dati lineari e non lineari e di adattarsi a problemi complessi.

L'obiettivo principale delle SVM è quello di trovare un iperpiano ottimale nello spazio dei dati che possa separare le diverse classi in modo efficiente. In altre parole, per problemi di classificazione binaria, l'SVM cerca l'iperpiano che massimizza il margine tra le classi, ovvero la distanza tra i punti più vicini di ciascuna classe all'iperpiano.

<u>Classificazione Lineare:</u>

Per i dati linearmente separabili, l'iperpiano ottimale può essere rappresentato come:

$$w^T x + b = 0$$

dove w è il vettore dei pesi (coefficienti) e b è il termine di bias (intercetta). Gli esempi di addestramento che giacciono sull'iperpiano avranno un valore di output zero. I punti di addestramento appartenenti alle diverse classi avranno valori di output positivi o negativi a seconda del loro lato rispetto all'iperpiano.

Se gli esempi sono composti da due caratteristiche (features), l'iperpiano è una semplice linea che separa l'insieme dei dati in due caratteristiche:

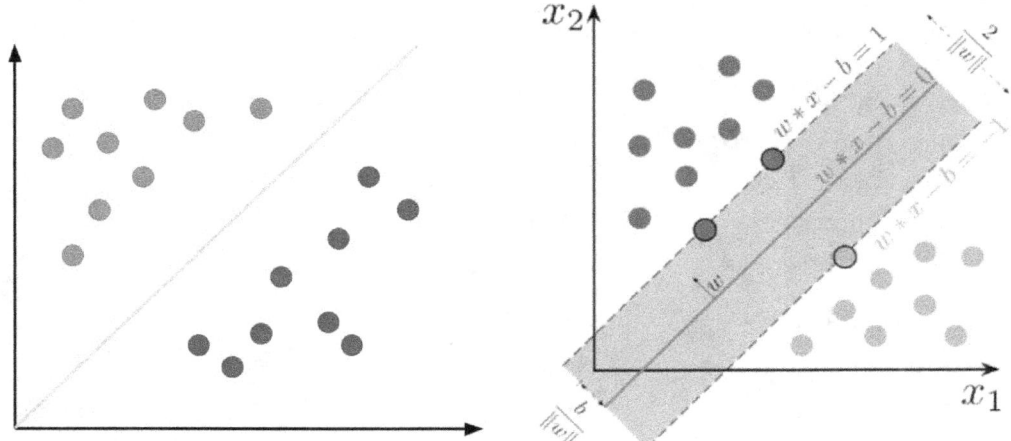

<u>Vantaggi delle Macchine a Vettori di Supporto:</u>
Le SVM presentano numerosi vantaggi:

- **Alta Precisione**: Le SVM sono notevolmente accurate nella classificazione di dati sia lineari che non lineari.

- **Robuste all'Overfitting**: L'ottimizzazione del margine massimo aiuta a ridurre l'overfitting, garantendo maggiore generalizzazione su nuovi dati.
- **Versatilità**: Le SVM possono essere utilizzate per problemi di classificazione binaria, multiclasse e persino per la regressione.

Svantaggi delle Macchine a Vettori di Supporto:

Tuttavia, le SVM hanno anche alcuni svantaggi:

- **Complessità Computazionale**: Addestrare SVM su grandi dataset può richiedere molto tempo e risorse computazionali.
- **Difficoltà di Interpretabilità**: L'iperpiano ottimale in uno spazio ad alta dimensione può essere difficile da interpretare.
- **Scelta del Kernel**: La scelta del kernel adeguato può essere un'operazione delicata e influisce sulle prestazioni del modello.

Tecniche di regolarizzazione

Bias e varianza

I concetti di bias e varianza sono fondamentali nell'ambito del Machine Learning. Sono due componenti che influenzano la capacità di un modello di generalizzare bene dai dati di addestramento a nuovi dati, ma in modi leggermente diversi. Quindi, gli errori di previsione commessi dal modello di Machine Learning, possono essere divisi in errori dovuti al bias ed errori dovuti alla varianza.

Vediamo adesso i concetti di bias e varianza.

Bias

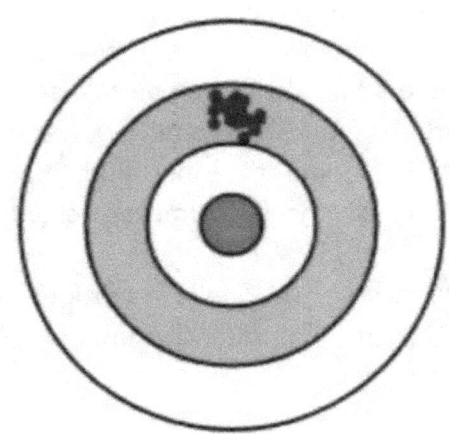

Il bias rappresenta l'errore sistemico o la discrepanza tra le previsioni del modello (pallini blu in figura) e i valori effettivi nei dati (pallino rosso). Un modello con un alto bias tende a semplificare eccessivamente il problema, perdendo quindi alcune relazioni o pattern nei dati. In altre parole, un modello ad alto bias sottostima la complessità del problema. Questo può portare a prestazioni scarse sia sui dati di addestramento che su nuovi dati.

Un esempio di bias potrebbe essere un modello lineare utilizzato per adattarsi a dati che seguono una relazione più complessa. In questo caso, il modello non sarebbe in grado di catturare i dettagli più intricati dei dati.

Il bias, dunque, misura quanto sono distanti le previsioni del modello dal valore corretto, se dovessimo costruire più volte il modello utilizzando diversi dataset. Misura l'errore sistematico che non è dato dalla causalità dei dati che gli vengono forniti. Dunque, l'errore di predizione dovuto al bias si ha quando il modello non presta la giusta attenzione al set di addestramento.

Varianza

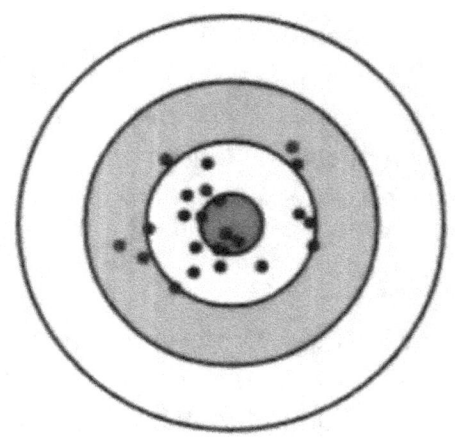

La varianza, d'altro canto, rappresenta la sensibilità del modello alle variazioni nei dati di addestramento. Un modello ad alta varianza si adatta troppo strettamente ai dati di addestramento e tende a catturare il rumore presente nei dati. Questo può portare a un'eccessiva sensibilità ai dati specifici di addestramento e a una cattiva generalizzazione su nuovi dati.

Un esempio di varianza potrebbe essere un modello addestrato su un piccolo set di dati rumorosi. Questo modello potrebbe adattarsi perfettamente ai dati di addestramento, ma avrebbe difficoltà a generalizzare su nuovi dati perché avrebbe catturato anche il rumore presente nei dati di addestramento.

La varianza è dunque una metrica che misura la differenza delle predizioni se addestriamo il modello con diversi dataset. Ci dice quindi quanto il modello è sensibile alla causalità dei dati nel set di addestramento.

Trade off tra varianza e bias

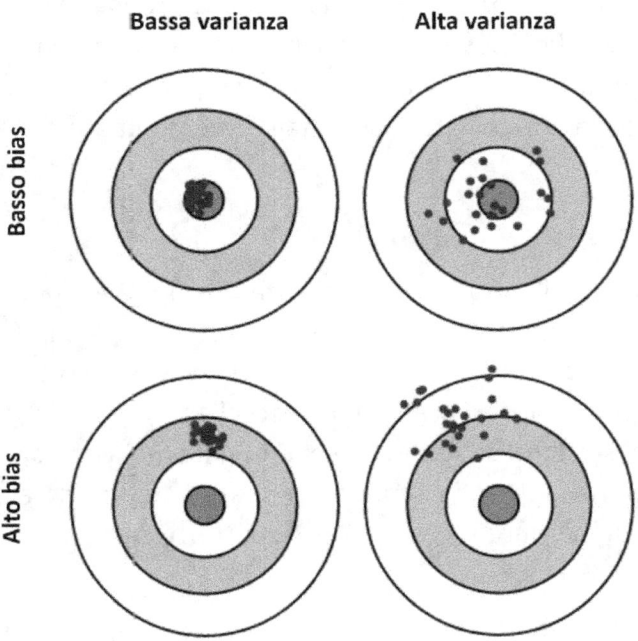

In generale, c'è un trade-off tra bias e varianza. Aumentare la complessità del modello può ridurre il bias ma aumentare la varianza, mentre diminuire la complessità può ridurre la varianza ma aumentare il bias. L'obiettivo è trovare un equilibrio ottimale tra bias e varianza per ottenere una buona capacità di generalizzazione su nuovi dati.

L'obiettivo dell'apprendimento automatico è ridurre sia il bias che la varianza per ottenere modelli che possano generalizzare bene su una vasta gamma di dati. Questo processo coinvolge la scelta di algoritmi appropriati, l'ingegneria delle feature, la regolarizzazione e l'ottimizzazione dei parametri del modello.

Overfitting e Underfitting nei Modelli di Machine Learning

L'overfitting e l'underfitting sono due problemi comuni nell'apprendimento dei modelli di Machine Learning che possono influenzare negativamente le prestazioni del modello e compromettere la sua capacità di generalizzare bene su nuovi dati. Comprendere questi fenomeni è fondamentale per sviluppare modelli di affidabili e accurati.

Overfitting

L'overfitting si verifica quando il modello si adatta troppo ai dati di addestramento, memorizzando il rumore presente nel dataset anziché imparare le relazioni generali tra le caratteristiche e l'output desiderato (target). Di conseguenza, il modello può avere prestazioni eccellenti sui dati di addestramento ma prestazioni scadenti su nuovi dati che non ha mai visto prima. In altre parole, l'overfitting si verifica quando il modello impara a "memorizzare" i dati di addestramento anziché a "comprendere" i modelli/pattern sottostanti.

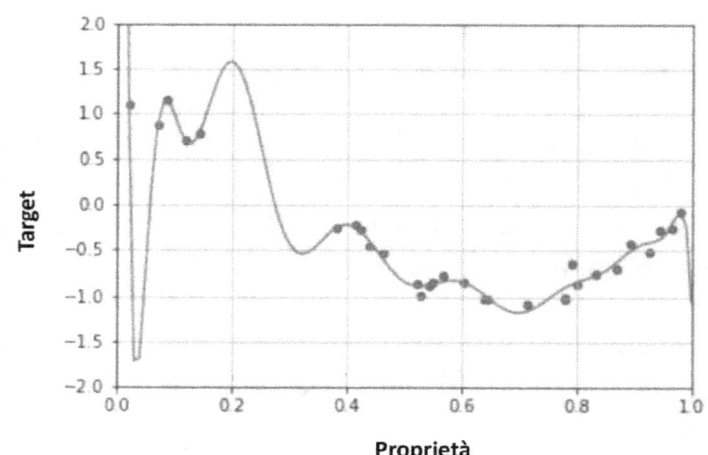

Nell'esempio sopra è possibile osservare un basso bias perché il modello è molto preciso nel predire i dati con cui è stato addestrato; la varianza invece è alta, perché approssima i dati di addestramento fin troppo bene, e riaddestrando il modello su un altro dataset, difficilmente otterremo un modello simile a questo. Possiamo concludere che siamo di fronte a un caso di overfitting.

Cause dell'Overfitting

Le principali cause dell'overfitting includono la complessità eccessiva del modello rispetto alla quantità di dati di addestramento disponibili, la presenza di dati anomali o rumorosi nel dataset e l'uso di caratteristiche irrilevanti o ridondanti. Quando un modello è troppo complesso, ha la capacità di adattarsi ai dati di addestramento in modo molto preciso, ma questo può portare a previsioni errate su nuovi dati poiché il modello è diventato troppo specifico per i dati di addestramento.

Riconoscere l'overfitting

L'overfitting è facilmente riconoscibile confrontando l'errore sul set di addestramento e sul set di test. Se quest'ultimo è molto più grande molto probabilmente il nostro modello soffre di overfitting.

Come affrontare l'Overfitting

Per affrontare l'overfitting, esistono diverse tecniche di regolarizzazione. Una delle più comuni è la riduzione della complessità del modello, ad esempio limitando la profondità dell'albero di decisione o il numero di unità nascoste in una rete neurale (che vedremo in seguito). Altre tecniche includono l'uso di regolarizzazioni L1 e L2, che penalizzano i coefficienti del modello per evitare di diventare troppo grandi.

Underfitting

L'underfitting, d'altra parte, si verifica quando il modello non riesce a catturare le relazioni sottostanti tra le caratteristiche e l'output desiderato, portando a prestazioni scadenti sia sui dati di addestramento che su nuovi dati. Un modello che presenta underfitting è troppo semplice per rappresentare la complessità dei dati di addestramento; quindi, non riesce a fare previsioni accurate.

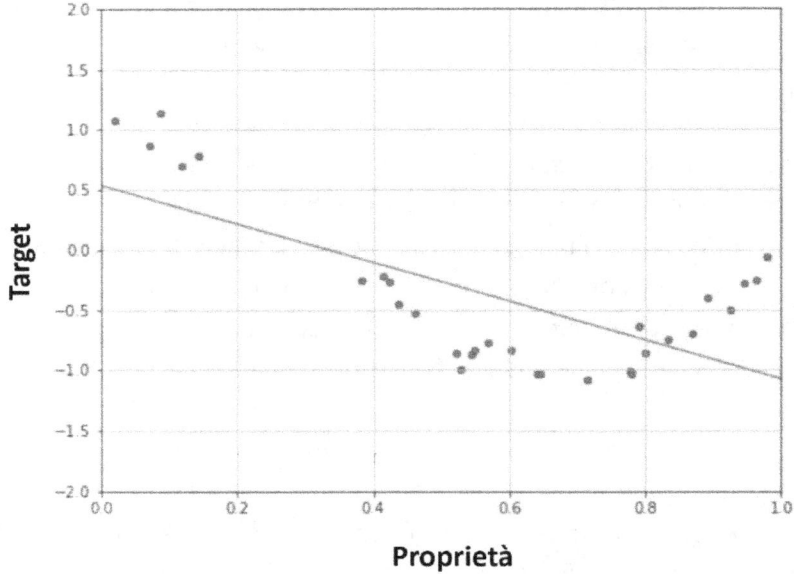

Proprietà

Nella figura sopra è riportato un esempio di regressione lineare semplice. La varianza è bassa, perché riaddestrando il modello con altre parti del dataset riotterremmo un modello simile; il bias invece è molto alto, perché la differenza tra il valore predetto e quello corretto è molto alta. Si conclude che il modello è troppo semplice e siamo di fronte a un caso di underfitting. Conviene complicare il modello, ad esempio utilizzando una regressione polinomiale creando potenze della proprietà fino al grado 4.

Cause dell'Underfitting

L'underfitting può verificarsi quando il modello è troppo semplice o non ha abbastanza capacità per adattarsi ai dati di addestramento. Ad esempio, un albero di decisione molto poco profondo potrebbe essere troppo semplice per rappresentare correttamente le relazioni nel dataset.

Come affrontare l'Underfitting

Per affrontare l'underfitting, è possibile utilizzare modelli più complessi o aggiungere più caratteristiche informative al dataset. In alcuni casi, l'uso di tecniche di ingegneria delle caratteristiche può migliorare le prestazioni del modello. Inoltre, è possibile utilizzare tecniche di ensemble learning, come le Random Forest, che combinano le previsioni di più modelli per ottenere una previsione più accurata e robusta.

Conclusioni

L'overfitting e l'underfitting sono due problemi comuni che possono verificarsi durante il processo di sviluppo di modelli di Machine Learning. Identificare e affrontare questi problemi è fondamentale per sviluppare modelli accurati e affidabili. La scelta di un modello adeguato e l'utilizzo di tecniche di regolarizzazione e valutazione adeguate sono fondamentali per ottenere prestazioni ottimali e una buona generalizzazione su nuovi dati.

Regolarizzazione L1 e L2

La regolarizzazione L1 e L2 sono tecniche utilizzate per mitigare l'overfitting nei modelli di Machine Learning. Queste tecniche aggiungono un termine di penalità alla funzione di costo del modello, che aiuta a limitare la complessità del modello e ridurre l'effetto di coefficienti troppo grandi.

Regolarizzazione L1 (Lasso Regression)

La regolarizzazione L1, anche conosciuta come Lasso Regression, aggiunge un termine di penalità proporzionale alla somma dei valori assoluti dei coefficienti del modello (indicati con W o b). L'aggiunta di questo termine di penalità rende alcuni coefficienti del modello esattamente zero, il che significa che alcune caratteristiche sono completamente ignorate dal modello. Di conseguenza, la regolarizzazione L1 svolge una selezione delle caratteristiche automatica, mantenendo solo le caratteristiche più rilevanti per il problema. Questa proprietà di selezione delle caratteristiche è particolarmente utile quando si lavora con dataset con un gran numero di caratteristiche, riducendo il rischio di overfitting e semplificando il modello.

$$costo = costo(W,b) + \lambda \sum_{j=1}^{M} |W_j|$$

Esempio:

W = $[w_1, w_2, w_3, w_4, w_5, w_6, w_7]$

W = $[w_1, w_2, 0, 0, 0, w_6, 0]$

Il modello diventa:

$$y = b + w_1 x_1 + w_2 x_2 + w_6 x_6$$

Regolarizzazione L2 (Ridge Regression)

La regolarizzazione L2, nota anche come Ridge Regression, aggiunge un termine di penalità proporzionale alla somma dei quadrati dei coefficienti del modello. A differenza della regolarizzazione L1, la regolarizzazione L2 non porta i coefficienti esattamente a zero. Invece, tende a ridurre la dimensione dei coefficienti senza eliminarli completamente. Questo aiuta a ridurre la varianza del modello e rende il modello meno sensibile ai dati di addestramento, migliorando la capacità di generalizzazione del modello su nuovi dati. La regolarizzazione L2 è particolarmente utile quando il dataset contiene molte caratteristiche altamente correlate tra loro, in quanto può ridurre l'effetto di multicollinearità.

$$costo = costo(W,b) + \lambda \sum_{j=1}^{M} W_j^2$$

Trade-off tra L1 e L2

La scelta tra L1 e L2 dipende dal problema specifico e dalle caratteristiche del dataset. La regolarizzazione L1 è preferibile quando si desidera ottenere una selezione automatica delle caratteristiche e ridurre la complessità del modello. D'altra parte, la regolarizzazione L2 è utile quando si desidera ridurre la varianza del modello e migliorare la capacità di generalizzazione. In alcuni casi, può essere vantaggioso utilizzare una combinazione delle due tecniche, nota come regolarizzazione Elastic Net, per ottenere i benefici di entrambe le tecniche.

Utilizzo della Regolarizzazione

La regolarizzazione può essere facilmente implementata aggiungendo il termine di penalità appropriato alla funzione di costo del modello. Inoltre, il parametro di regolarizzazione (indicato con λ) può essere regolato per controllare l'intensità della penalità. Valori più alti di λ aumentano la forza della regolarizzazione e riducono l'importanza dei coefficienti.

Vediamo i casi estremi:

- $\lambda = 0$: la regolarizzazione è nulla e si avrà overfitting
- $\lambda \to \infty$: la maggior parte dei pesi vengono ridotti a zero o in prossimità dello zero, e si avrà underfitting.

Si consiglia di cercare il valore di λ in $[10^{-4}:10]$

Elastic Net: Una combinazione di L1 e L2

L'Elastic Net è una tecnica di regolarizzazione che combina gli effetti della regolarizzazione L1 e L2. È una soluzione ibrida che incorpora i vantaggi di entrambe le tecniche per affrontare l'overfitting e migliorare la stabilità e la generalizzazione dei modelli di Machine Learning.

La Funzione di Costo Elastic Net

L'Elastic Net aggiunge due termini di penalità alla funzione di costo del modello: uno proporzionale alla somma dei valori assoluti dei coefficienti (regolarizzazione L1) e l'altro proporzionale alla somma dei quadrati dei coefficienti (regolarizzazione L2). La regolarizzazione L1 è utile per ottenere la selezione automatica delle caratteristiche, mentre la regolarizzazione L2 aiuta a ridurre la varianza del modello. La funzione di costo dell'Elastic Net è data dalla somma del termine di errore quadratico medio e dei termini di penalità L1 e L2, ognuno pesato da un parametro α (alpha) che controlla l'intensità della regolarizzazione.

Scelta di α

Il parametro α nell'Elastic Net controlla il bilanciamento tra le regolarizzazioni L1 e L2. Un valore di α pari a 0 corrisponde alla regolarizzazione L2 pura, mentre un valore di α pari a 1 corrisponde alla regolarizzazione L1 pura. Valori intermedi di α consentono di combinare le due tecniche. La scelta di α dipende dal problema specifico e dalle caratteristiche del dataset. In alcuni casi, una combinazione delle due tecniche può fornire risultati migliori rispetto all'uso di L1 o L2 da sole.

Selezione delle Caratteristiche

Una delle principali cause di overfitting è l'uso di troppe caratteristiche, specialmente quando alcune di esse sono irrilevanti o ridondanti. La regolarizzazione L1, o Lasso Regression, è particolarmente utile per la selezione automatica delle caratteristiche, poiché imposta alcuni coefficienti a zero, eliminando così le caratteristiche meno informative. In questo modo, il modello viene semplificato e si riduce il rischio di overfitting.

Riduzione della Complessità

Modelli complessi, come le reti neurali con un gran numero di unità nascoste o alberi di decisione molto profondi, hanno la capacità di memorizzare i dati di addestramento in modo molto preciso, ma ciò può portare a un adattamento eccessivo ai dati e ad elevate prestazioni sui dati di addestramento, ma prestazioni scadenti su nuovi dati. L'uso della regolarizzazione L2, o Ridge Regression, aiuta a ridurre la complessità del modello limitando la dimensione dei coefficienti. In questo modo, il modello è meno suscettibile all'overfitting e generalizza meglio su nuovi dati.

Gestione della Multicollinearità

La multicollinearità tra le caratteristiche si verifica quando alcune caratteristiche sono fortemente correlate tra loro. Ciò può portare a problemi di stabilità nel modello e può rendere difficile l'identificazione delle vere relazioni tra le caratteristiche e l'output. La regolarizzazione L2 è particolarmente utile per affrontare la multicollinearità, poiché riduce l'effetto delle caratteristiche altamente correlate, stabilizzando così il modello.

Benefici della Regolarizzazione

L'utilizzo della regolarizzazione per evitare l'overfitting porta diversi vantaggi. Innanzitutto, migliora la capacità di generalizzazione del modello, permettendo al modello di performare bene su nuovi dati non visti durante l'addestramento. Inoltre, semplifica il modello, fornendo un insieme di coefficienti più rilevanti e interpretabili, il che è fondamentale per la comprensione del problema da parte degli utenti. Infine, aiuta a ridurre la varianza del modello, rendendolo meno suscettibile ai dati di addestramento rumorosi o anomali.

Tecniche di validazione e ottimizzazione

Nel contesto delle tecniche di validazione e ottimizzazione dei modelli di machine learning, è fondamentale comprendere e utilizzare correttamente alcune importanti misure di prestazione. Queste misure ci permettono di valutare quanto un modello sia in grado di compiere previsioni accurate e di individuare correttamente ciò che chiameremo "oggetti positivi".

Gli Oggetti Positivi

In questo contesto, gli "oggetti positivi" rappresentano gli elementi o gli esempi che ci interessa individuare o classificare. Il significato di "oggetti positivi" varia in base all'applicazione specifica. Per rendere questo concetto più chiaro, diamo alcuni esempi:

- **Classificazione Medica**: Gli "oggetti positivi" potrebbero essere i casi di una malattia che stiamo cercando di identificare, come i casi di cancro.
- **Rilevamento di Frodi**: In un sistema di rilevamento di frodi nelle transazioni finanziarie, gli "oggetti positivi" sono le transazioni sospette o fraudolente che vogliamo individuare.
- **Riconoscimento Facciale**: Nell'ambito del riconoscimento facciale, gli "oggetti positivi" sono le facce delle persone che vogliamo riconoscere o identificare in un'immagine o in un video.
- **Test Diagnostici**: In un contesto di test diagnostici, gli "oggetti positivi" possono essere i risultati corretti o positivi, come individuare la presenza di un'infezione.

Ora che abbiamo chiarito cosa sono gli "oggetti positivi," vediamo come alcune delle misure di prestazione che possono essere utili nella validazione e nell'ottimizzazione dei modelli.

Accuratezza (Accuracy)

L'accuratezza è una misura che indica quanto il modello sia bravo a fare previsioni corrette. Si calcola dividendo il numero di previsioni corrette per il totale delle previsioni effettuate. In altre parole, rappresenta la percentuale di previsioni esatte rispetto a tutte le previsioni fatte. Ad esempio, se un modello ha effettuato 90 previsioni corrette su un totale di 100, l'accuratezza è del 90%.

Precisione (Precision)

La precisione misura la qualità delle previsioni positive fatte dal modello. È una misura di quanti degli oggetti previsti come positivi sono effettivamente positivi. Per calcolare la precisione, si divide il numero di veri positivi (ovvero, gli oggetti positivi previsti correttamente) per il totale di oggetti previsti come positivi. Ad esempio, se il modello ha previsto 30 oggetti come positivi, e solo 25 di essi sono effettivamente positivi, la precisione è del 83% (25/30).

Richiamo (Recall)

Il richiamo misura la capacità del modello di individuare correttamente gli oggetti positivi. È una misura di quanti degli oggetti positivi sono stati individuati dal modello. Si calcola dividendo il numero di veri positivi per il totale di oggetti positivi presenti. Ad esempio, se ci sono 50 oggetti positivi, e il modello ha individuato solo 40 di essi, il richiamo è del 80% (40/50).

F1-Score

L'F1-Score è una misura che combina sia la precisione che il richiamo in un'unica valutazione. È utile quando si desidera equilibrare l'importanza di avere previsioni accurate e la capacità di individuare correttamente gli oggetti positivi. Si calcola utilizzando la seguente formula:

$$F1\_Score = 2 * (Precisione * Richiamo) / (Precisione + Richiamo)$$

L'F1-Score fornisce una valutazione complessiva delle prestazioni del modello, considerando sia la qualità delle previsioni positive che la capacità di individuare gli oggetti positivi.

In sintesi, queste misure di prestazione, insieme alla comprensione degli "oggetti positivi", sono fondamentali per valutare l'efficacia di un modello o sistema nelle applicazioni di machine learning. Ognuna di queste misure offre una prospettiva diversa sulle prestazioni, e la scelta di quale utilizzare dipenderà dall'obiettivo specifico del tuo progetto.

Batch, Stochastic e Mini Batch Gradient Descent

In precedenza, abbiamo analizzato il metodo della discesa del gradiente. Esso, come abbiamo visto, può essere utilizzato nell'ottimizzazione dei parametri del modello (ad esempio un modello di regressione lineare semplice) al fine di minimizzare il valore della funzione di costo. Di seguito è illustrata la procedura, dove in ogni epoca viene sottoposto al gradient descent l'intero dataset di addestramento (full batch gradient descent).

Viene quindi illustrato il processo iterativo che porta alla definizione di un modello di regressione che possa predire il valore di una casa in base alla sua dimensione in metri quadri, partendo da un dataset contenente informazioni sui metri quadri delle case e i corrispondenti valori di queste abitazioni.

Metri quadri (m^2)	Valore (€)
30	120.000
50	100.000
60	120.000
80	130.000
100	150.000
110	200.000
120	180.000
...	...

GRADIENT DESCENT → MODELLO (W,b) → EPOCA 1 / COSTO

Metri quadri (m^2)	Valore (€)
30	120.000
50	100.000
60	120.000
80	130.000
100	150.000
110	200.000
120	180.000
...	...

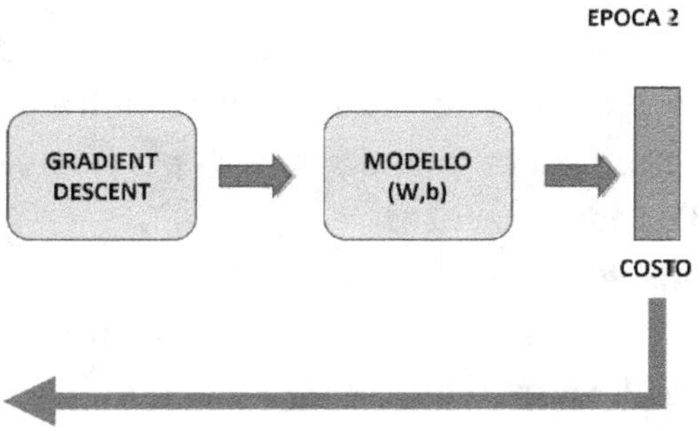

EPOCA 2

GRADIENT DESCENT → MODELLO (W,b) → COSTO

Metri quadri (m^2)	Valore (€)
30	120.000
50	100.000
60	120.000
80	130.000
100	150.000
110	200.000
120	180.000
...	...

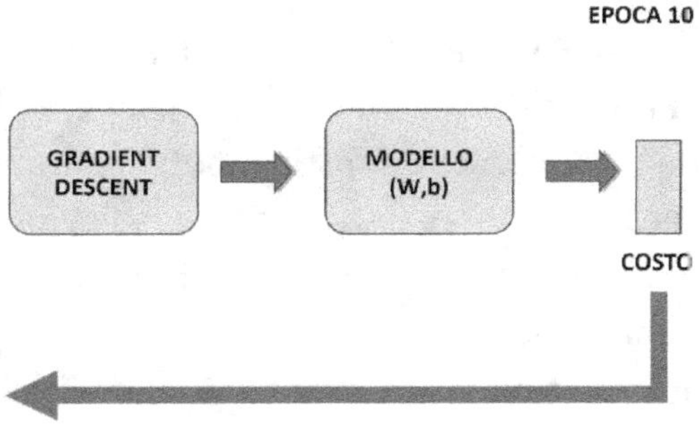

EPOCA 10

GRADIENT DESCENT → MODELLO (W,b) → COSTO

Metri quadri (m^2)	Valore (€)
30	120.000
50	100.000
60	120.000
80	130.000
100	150.000
110	200.000
120	180.000
...	...

EPOCA 100

GRADIENT DESCENT → MODELLO (W,b) → COSTO

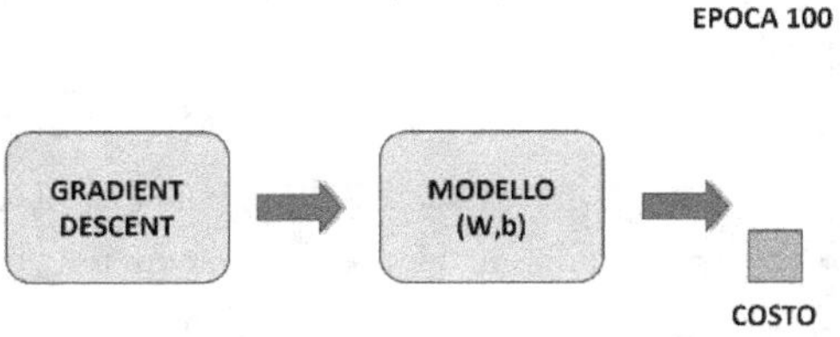

Nonostante i suoi vantaggi, ha anche alcuni limiti che potrebbero renderlo non adatto a tutte le situazioni. Ecco alcuni dei principali limiti del Full Batch Gradient Descent:

- **Elevato Consumo di Memoria**: Utilizzare tutti gli esempi di addestramento in ogni passo richiede di memorizzare l'intero set di dati in memoria. Questo può diventare problematico su set di dati molto grandi, poiché può richiedere una quantità considerevole di spazio, portando a problemi di memoria e rallentando l'addestramento.

- **Calcolo Intensivo**: Calcolare il gradiente utilizzando tutti gli esempi di addestramento può essere computazionalmente intensivo, specialmente su set di dati estesi. Questo può comportare tempi di addestramento più lunghi, rendendo il processo meno efficiente rispetto a metodi di ottimizzazione più rapidi.

- **Minimo Locale**: Il Full Batch Gradient Descent potrebbe avere difficoltà a uscire da minimi locali della funzione di costo durante l'ottimizzazione. A causa della sua natura deterministica, potrebbe essere intrappolato in minimi locali indesiderati, non raggiungendo la soluzione ottimale globale. (si ha quando la funzione che vogliamo minimizzare non è convessa, ma sono presenti più minimi locali)

- **Non Scalabilità**: A causa dei problemi di memoria e calcolo, il Full Batch Gradient Descent potrebbe non essere scalabile su set di dati enormi. Questo può limitarne l'uso in applicazioni che richiedono l'elaborazione di dati di grandi dimensioni.

- **Addestramento Online**: In alcuni casi, potrebbe essere preferibile adottare un approccio di addestramento online, in cui il modello viene aggiornato incrementalmente con nuovi dati man mano che arrivano. Il Full Batch Gradient Descent non si presta bene a questo tipo di addestramento continuo.

- **Possibile Overfitting**: Utilizzare l'intero set di addestramento in ogni passo può aumentare il rischio di overfitting, specialmente su set di dati piccoli. Il modello potrebbe imparare a memorizzare i dati di addestramento anziché generalizzare correttamente.

Per affrontare alcuni di questi limiti, sono stati sviluppati metodi di ottimizzazione alternativi come lo *Stochastic Gradient Descent (SGD)* e il *Mini-*

Batch Gradient Descent. Questi metodi cercano di trovare un compromesso tra l'utilizzo di tutti gli esempi di addestramento e l'efficienza computazionale, rendendoli più adatti a problemi con grandi set di dati o addestramenti online. La scelta del metodo dipende dal problema specifico e dalle risorse disponibili.

Stochastic Gradient Descent

Lo Stochastic Gradient Descent (SGD) si differenzia dal Full Batch Gradient Descent perché invece di utilizzare l'intero set di addestramento in ogni passo di iterazione, utilizza un singolo esempio di addestramento o un piccolo gruppo (batch) di esempi. Questo approccio rende l'ottimizzazione più efficiente e adatto a set di dati di grandi dimensioni.

Funzionamento dell'SGD

- **Scelta Casuale**: All'inizio di ogni epoca (iterazione attraverso l'intero set di addestramento), l'algoritmo sceglie casualmente un singolo esempio di addestramento o un piccolo batch di esempi dal set di addestramento.

- **Calcolo del Gradiente**: L'errore viene calcolato per l'esempio selezionato e i gradienti (derivate) dei pesi della rete vengono calcolati rispetto a quell'errore. Questi gradienti indicano la direzione in cui i pesi devono essere aggiornati per ridurre l'errore.

- **Aggiornamento dei Pesi**: I pesi della rete vengono aggiornati in base ai gradienti calcolati, ma con un tasso di apprendimento più piccolo rispetto al Full Batch Gradient Descent. Questo passo fa in modo che l'aggiornamento dei pesi sia meno brusco e più graduale.

- **Iterazione e Convergenza**: I passi 1-3 vengono ripetuti per un certo numero di epoche o fino a quando il miglioramento dell'errore raggiunge un certo livello di soglia. L'obiettivo è far convergere il modello verso una soluzione ottimale.

Vantaggi dell'SGD

- **Efficienza Computazionale**: Utilizzando solo un esempio o un piccolo batch alla volta, l'SGD è più veloce e richiede meno risorse computazionali rispetto al Full Batch Gradient Descent. Questo è particolarmente vantaggioso su set di dati di grandi dimensioni.

- **Escaping Minimi Locali**: L'uso di singoli esempi o batch casuali può aiutare l'algoritmo a evitare minimi locali indesiderati, poiché la variazione nei dati di addestramento può fornire una sorta di "rumore" che aiuta a uscire da tali minimi.
- **Addestramento Online**: L'SGD si presta bene all'addestramento online, in cui il modello può essere aggiornato in modo incrementale man mano che arrivano nuovi dati.

Svantaggi dell'SGD

- **Variabilità**: A causa dell'uso di singoli esempi o batch casuali, l'SGD può essere più "rumoroso" nel calcolo dei gradienti, il che può portare a una maggiore variabilità nei passi di aggiornamento dei pesi e al rischio di saltare il punto di minimo locale
- **Convergenza Più Lenta**: L'SGD può convergere verso la soluzione ottimale più lentamente rispetto al Full Batch Gradient Descent, specialmente se il tasso di apprendimento non è ben calibrato.

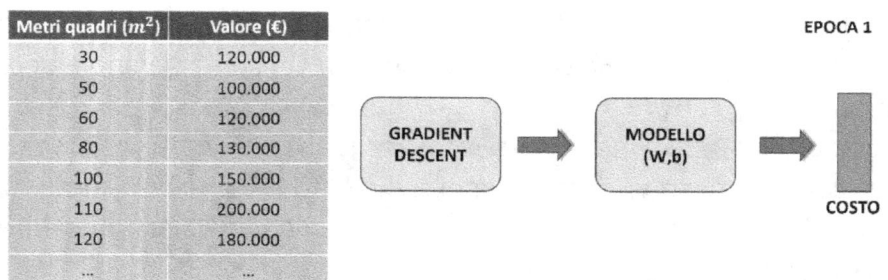

Metri quadri (m^2)	Valore (€)
30	120.000
50	100.000
60	120.000
80	130.000
100	150.000
110	200.000
120	180.000
...	...

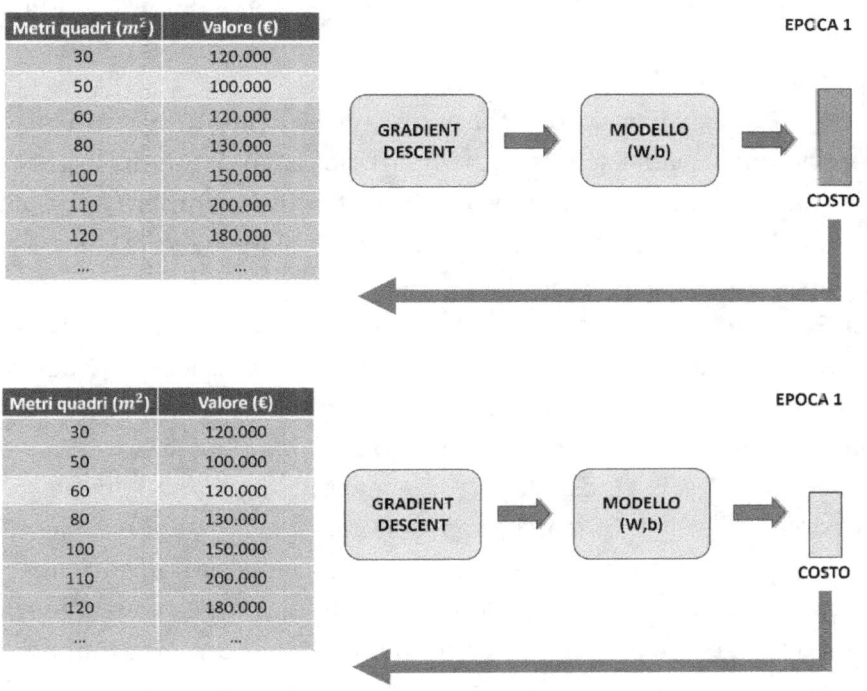

Metri quadri (m^2)	Valore (€)
30	120.000
50	100.000
60	120.000
80	130.000
100	150.000
110	200.000
120	180.000
...	...

Fai attenzione, il costo per il gradient descent ad ogni iterazione è molto oscillante, ma alla lunga tende a diminuire. Ricorda inoltre di non confondere epoche con iterazioni: un'iterazione corrisponde a un singolo step del gradient descent, mentre un'epoca corrisponde al passaggio del gradient descent sull'intero dataset. Ovviamente per il full batch questi due valori sono coincidenti, mentre non vale lo stesso per lo stochastic . Al termine di ogni epoca, il set di addestramento va mischiato per evitare cicli all'interno dello Stochastic Gradient Descent.

Mini-Batch Gradient Descent

Il Mini-Batch Gradient Descent è un'alternativa che cerca di bilanciare i vantaggi del Full Batch Gradient Descent e dello Stochastic Gradient Descent. Questo algoritmo di ottimizzazione viene spesso utilizzato nell'addestramento delle reti neurali per migliorare l'efficienza computazionale senza sacrificare troppa stabilità nella convergenza.

Funzionamento del Mini-Batch Gradient Descent:

- **Scelta dei Mini-Batch**: All'inizio di ogni epoca (iterazione attraverso l'intero set di addestramento), viene selezionato un piccolo batch di esempi dal set di addestramento. La dimensione di questo mini-batch è un iperparametro che può essere regolato a seconda delle risorse disponibili e delle esigenze del problema.

- **Calcolo del Gradiente**: L'errore viene calcolato per ogni esempio nel mini-batch, e i gradienti (derivate) dei pesi della rete vengono calcolati rispetto a tali errori. Questi gradienti rappresentano la direzione in cui i pesi dovrebbero essere aggiornati per ridurre l'errore complessivo del mini-batch.

- **Aggiornamento dei Pesi**: I pesi della rete vengono aggiornati in base ai gradienti calcolati per il mini-batch, ma con un tasso di apprendimento adeguato. L'aggiornamento graduale dei pesi aiuta a evitare aggiornamenti troppo bruschi che potrebbero compromettere la stabilità della convergenza.

- **Iterazione e Convergenza**: I passi 1-3 vengono ripetuti per un certo numero di epoche, o fino a quando il miglioramento dell'errore raggiunge una soglia prefissata. L'obiettivo è far convergere il modello verso una soluzione ottimale.

Vantaggi del Mini-Batch Gradient Descent:

- **Efficienza Computazionale**: Utilizzando mini-batch di dimensioni moderate, il Mini-Batch Gradient Descent raggiunge un buon compromesso tra efficienza computazionale e stabilità della convergenza. Questo lo rende adatto sia per set di dati di grandi dimensioni che per risparmiare risorse computazionali.

- **Stabilità della Convergenza**: L'utilizzo di mini-batch riduce la variabilità nei gradienti rispetto allo Stochastic Gradient Descent puro, contribuendo a una convergenza più stabile e meno rumorosa.

- **Scalabilità**: Il Mini-Batch Gradient Descent è scalabile su set di dati di grandi dimensioni, in quanto non richiede l'utilizzo di tutti gli esempi di addestramento in ogni passo.

Svantaggi del Mini-Batch Gradient Descent:

- **Iperparametri da Ottimizzare**: La dimensione del mini-batch (batch size) è un iperparametro che deve essere regolato. La scelta di un mini-batch troppo grande o troppo piccolo potrebbe influenzare le prestazioni dell'algoritmo.
- **Possibile Overfitting**: Con mini-batch molto piccoli, il modello potrebbe essere suscettibile all'overfitting sui dati di addestramento, in quanto potrebbe imparare a memorizzare invece di generalizzare.

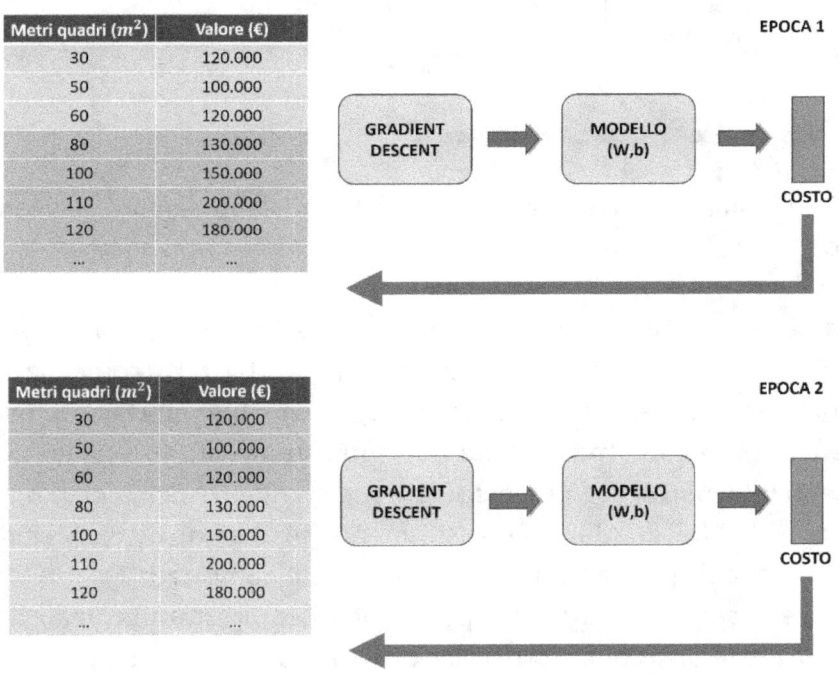

Tecniche di cross validation

La creazione di modelli accurati e robusti è una priorità chiave per ottenere risultati affidabili e significativi. Mentre l'addestramento di modelli è una fase cruciale del processo, è altrettanto importante garantire che tali modelli siano capaci di generalizzare correttamente su nuovi dati al di fuori di quelli su cui sono stati addestrati. Questo obiettivo richiede l'utilizzo oculato di tecniche di validazione e di un set di test ben definito.

Il processo che abbiamo seguito fino ad ora è stato quello di selezionare un modello, addestrarlo sul set di addestramento (train-set) al fine di ottenere i parametri ottimali, e infine testarlo sul test set.

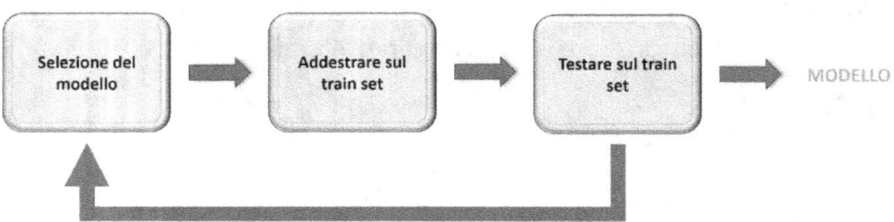

La domanda che ci poniamo adesso è la seguente: conviene seguire davvero questo approccio?

Assolutamente no.

Iterando sul test set per trovare il modello di Machine Learning migliore può causare overfitting del modello perché il test set viene utilizzato come parte integrante del processo di selezione del modello, il che può portare a una sovrastima delle prestazioni del modello sui dati futuri non visti. In sostanza, il test set sta diventando parte del processo di addestramento del modello, e quindi il modello potrebbe adattarsi eccessivamente ai dati di test specifici, perdendo la sua capacità di generalizzare correttamente ai nuovi dati.

Il test set dovrebbe essere utilizzato solo per valutare le prestazioni finali del modello dopo che tutte le decisioni di progettazione sono state prese e il modello è stato addestrato e ottimizzato. Utilizzare il test set per selezionare il modello migliore crea il rischio di scegliere un modello che si adatta specificamente ai dati di test, ma che potrebbe non generalizzare bene su nuovi dati.

Per risolvere questo problema, è fondamentale separare chiaramente il processo di addestramento e validazione dal processo di valutazione finale.

Conviene prendere il dataset e dividerlo in 3 subset:

1. **Train set**: utilizzare questo insieme di dato per l'addestramento del modello

2. **Validation set**: utilizzare questo insieme di dati per selezionare il modello migliore
3. **Test set**: utilizzare questo insieme per testare il modello su dati sconosciuti

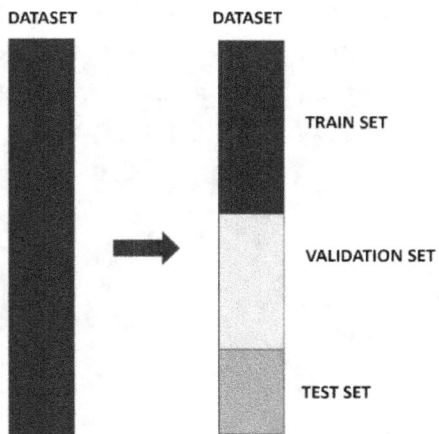

Così facendo eliminiamo il rischio di overfitting sul modello:

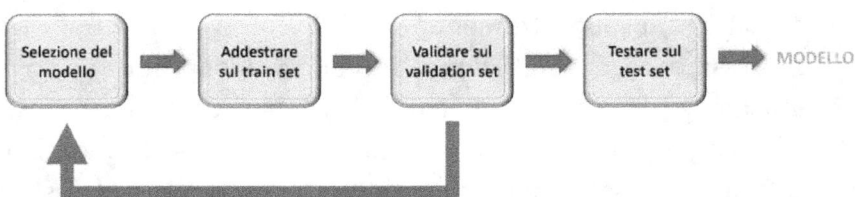

Tuttavia, si possono riscontrare alcuni problemi:

- Decimazione del set per l'addestramento
- Il modello dipenderà da come viene eseguito lo split.

La soluzione si chiama K-fold cross validation.

K-Fold Cross-Validation

La K-Fold Cross-Validation è una tecnica di valutazione dei modelli di Machine Learning che mira a fornire una stima accurata delle prestazioni di un modello su dati non visti. Questo approccio divide il set di dati in *k* fold (parti) approssimativamente uguali, consentendo di addestrare e valutare il modello k volte in modo iterativo. La K-Fold Cross-Validation è particolarmente utile quando si ha un set di dati limitato o si desidera valutare l'affidabilità del modello su diverse partizioni.

Funzionamento della K-Fold Cross-Validation:

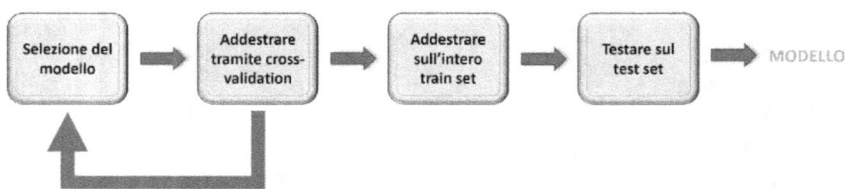

- **Divisione del Set di Dati**: Inizialmente, il set di dati viene suddiviso in k fold. Ogni fold si comporta da set di test una volta, mentre gli altri k-1 fold vengono utilizzati come set di addestramento.
- **Iterazioni di Addestramento e Valutazione**: Il modello viene addestrato k volte. In ogni iterazione, un diverso fold viene selezionato come set di test, mentre gli altri fold vengono combinati per formare il set di addestramento. Il modello viene addestrato sul set di addestramento e valutato sul set di test.
- **Valutazione delle Prestazioni**: In ogni iterazione, vengono misurate le prestazioni del modello utilizzando una metrica appropriata, come precisione, recall, F1-score o errore quadratico medio.
- **Calcolo delle Metriche Medie**: Alla fine delle k iterazioni, le prestazioni vengono aggregate calcolando la media delle metriche di valutazione su tutti i fold. Questo fornisce una stima complessiva delle prestazioni del modello.

Vantaggi della K-Fold Cross-Validation

- **Valutazione Attendibile**: La K-Fold Cross-Validation offre una stima più accurata delle prestazioni del modello rispetto a una singola divisione tra addestramento e test. Poiché il modello viene valutato su diversi fold, si ottiene una visione più completa delle sue capacità di generalizzazione.
- **Riduzione dell'Overfitting**: Utilizzando diverse partizioni dei dati come set di test in diverse iterazioni, questa tecnica aiuta a identificare modelli che generalizzano meglio e riducono il rischio di overfitting.
- **Ottimizzazione dei Parametri**: La K-Fold Cross-Validation è ampiamente utilizzata per selezionare i migliori parametri del modello. È possibile valutare le prestazioni del modello su diverse combinazioni di addestramento e test, consentendo di ottimizzare i parametri in modo accurato.
- **Stabilità della Valutazione**: Poiché le prestazioni vengono calcolate su diverse partizioni dei dati, la K-Fold Cross-Validation riduce l'impatto di eventuali fluttuazioni casuali presenti in un'unica divisione tra addestramento e test.

Considerazioni su K e Scalabilità:

La scelta del valore di k dipende dalle dimensioni del set di dati e dalle risorse computazionali disponibili. Di solito, si utilizzano valori tipici come k = 5 o k = 10. Tuttavia, è importante tenere conto della scalabilità, poiché un valore di k troppo grande potrebbe richiedere una quantità significativa di tempo di calcolo.

Esempio k = 4

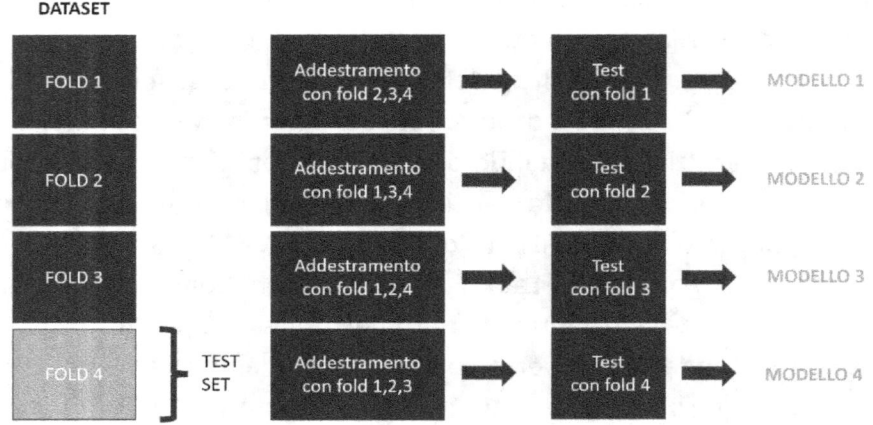

Calcoliamo l'errore per ogni modello. L'errore complessivo sarà la media dell'errore di questi modelli.

La scelta di K è condizionata dalle dimensioni del dataset:

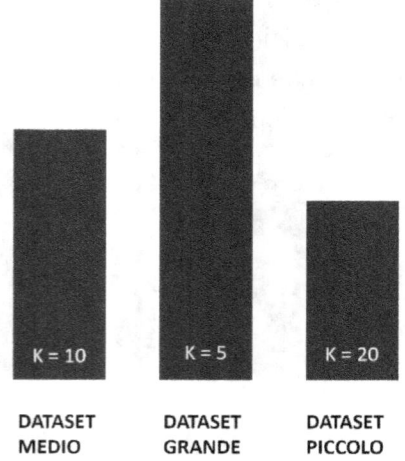

Leave-One-Out Cross Validation

Il Leave-One-Out Cross-Validation (LOOCV) è una particolare tecnica di cross-validation utilizzata per valutare le prestazioni dei modelli di Machine Learning. A differenza della K-Fold Cross-Validation, in cui il set di dati viene suddiviso in k fold, nel LOOCV si effettua una suddivisione ancora più fine: ciascun punto dati del set di addestramento viene utilizzato come set di test una volta, mentre tutti gli altri punti vengono utilizzati come set di addestramento. Questo approccio consente di ottenere una stima accurata delle prestazioni del modello su dati non visti.

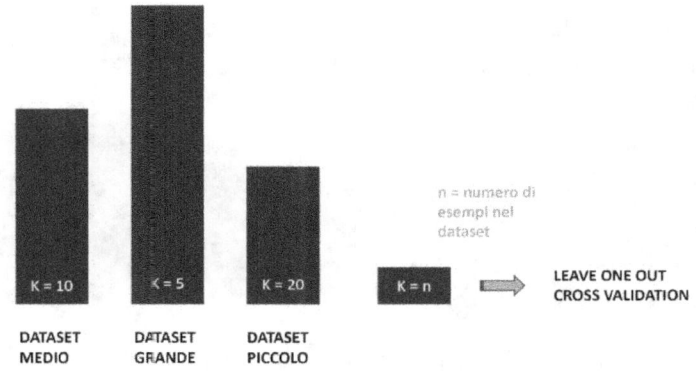

Ottimizzazione degli iperparametri

Cosa sono gli iperparametri?

Gli iperparametri sono parametri che non sono appresi direttamente dal modello durante il processo di addestramento, ma devono essere impostati manualmente prima dell'addestramento stesso. A differenza dei parametri del modello, che vengono ottimizzati attraverso l'ottimizzazione dei dati di addestramento, gli iperparametri influenzano il comportamento complessivo dell'algoritmo di apprendimento ma non vengono adattati automaticamente durante l'addestramento. Ecco alcuni esempi di iperparametri comuni in diversi algoritmi di Machine Learning:

- Gradient descent:
  - Numero di epoche (il numero di volte che il gradient descent passa su tutto il train set)
  - Learning rate (tra 10^{-4} e 1)
  - Tolleranza (10^{-4} va quasi sempre bene)
- Mini batch:
  - numero di iterazioni (numero epoche x numero batch)
  - numero di batches in cui dividere il dataset
  - batch size: esempi all'interno di un singolo batch
- Algoritmi di Regressione:
  - Parametri di regolarizzazione.
  - Tipo di funzione di base (lineare, polinomiale, ecc.).
  - Ordine del polinomio.
- Regolarizzazione:
  - Tipo di regolarizzazione (L1, L2 o entrambe)
  - Parametro di regolarizzazione (C=1/lambda): tra 10^{-4} e 10
- Algoritmi di Apprendimento Profondo (Deep Learning):
  - Numero di strati nascosti in una rete neurale.
  - Numero di neuroni in ciascuno strato nascosto.
  - Tasso di apprendimento per l'aggiornamento dei pesi.
  - Funzione di attivazione per ogni hidden layers
- Alberi Decisionali e Foreste Casuali:
  - Profondità massima dell'albero decisionale.
  - Numero minimo di campioni richiesti per dividere un nodo.
  - Numero di alberi in una foresta casuale.
- Algoritmi di Clustering:
  - Numero di cluster desiderato.

o Criteri di distanza o similarità.

La scelta appropriata degli iperparametri può avere un impatto significativo sulle prestazioni del modello. Tuttavia, la ricerca degli iperparametri ottimali può essere un processo iterativo e richiedere l'uso di tecniche come la cross-validation per valutare le prestazioni del modello con diverse configurazioni di iperparametri.

Gli iperparametri possono variare da algoritmo ad algoritmo e possono influenzare aspetti diversi del processo di apprendimento automatico, come la complessità del modello, il tasso di apprendimento, il numero di iterazioni, la regolarizzazione e altro ancora.

Tecniche possibili

Manual search:

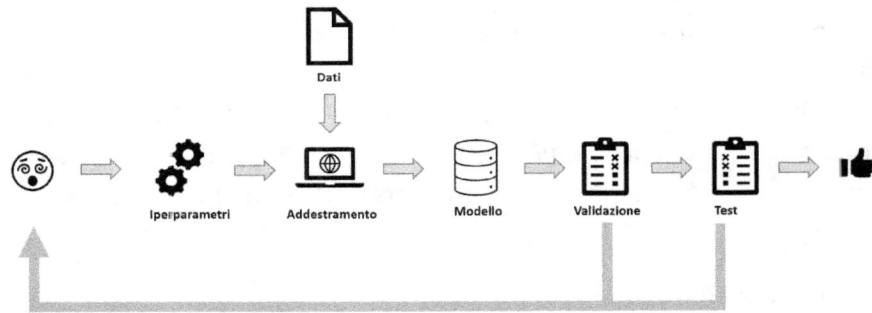

La Manual Search, o ricerca manuale, è un approccio alla sintonizzazione degli iperparametri nei modelli di Machine Learning che si basa sulla conoscenza del dominio (settore di applicazione o area specifica) e sull'intuizione dell'utente. A differenza di tecniche automatizzate come il Grid Search o l'Random Search, la ricerca manuale prevede che l'utente esamini manualmente diversi valori degli iperparametri e valuti le prestazioni del modello.

Processo della Manual Search:

- **Comprensione del Problema**: Prima di iniziare la ricerca manuale, è fondamentale comprendere a fondo il problema di Machine Learning che si sta affrontando. Questo include una comprensione dei dati, degli obiettivi di previsione o classificazione e delle sfide specifiche del dominio.
- **Selezione degli Iperparametri**: L'utente identifica gli iperparametri chiave del modello che influenzano le prestazioni. Questi potrebbero includere il tasso di apprendimento, la profondità dell'albero decisionale, il numero di strati nascosti in una rete neurale, ecc.
- **Scelta dei Valori**: Per ciascun iperparametro selezionato, l'utente sceglie manualmente un set di valori da esplorare. Questa scelta può essere basata sull'esperienza, sulla conoscenza del dominio o su suggerimenti dalla letteratura.
- **Addestramento e Valutazione**: Il modello viene addestrato e valutato utilizzando ciascuna combinazione di valori degli iperparametri selezionati. Le prestazioni vengono misurate utilizzando una metrica di valutazione appropriata.
- **Iterazione e Ottimizzazione**: In base ai risultati delle valutazioni, l'utente regola manualmente i valori degli iperparametri e ripete il processo di addestramento e valutazione fino a quando non si ottiene una combinazione che produce prestazioni soddisfacenti.

Vantaggi della Manual Search

- **Conoscenza del Dominio**: L'approccio manuale sfrutta la conoscenza approfondita del dominio e l'esperienza dell'utente, consentendo di fare scelte informate sugli iperparametri.
- **Adattabilità**: La ricerca manuale è altamente adattabile a problemi specifici, poiché l'utente può regolare i valori degli iperparametri in base alle peculiarità del problema.
- **Controllo Completo**: L'utente ha pieno controllo sul processo di sintonizzazione e può apportare modifiche immediate in base ai risultati intermedi.

<u>Limitazioni della Manual Search</u>

- **Tempo e Sforzo**: La ricerca manuale può richiedere molto tempo ed è intensiva in termini di sforzi da parte dell'utente, specialmente quando ci sono molti iperparametri da esplorare.
- **Rischio di Soggettività**: L'approccio manuale è influenzato dalle intuizioni e dalle preferenze dell'utente, il che potrebbe portare a scelte non ottimali o a una mancanza di esplorazione completa dello spazio degli iperparametri.
- **Mancanza di Automazione**: A differenza delle tecniche automatizzate, la ricerca manuale non sfrutta l'automazione per esplorare in modo efficiente lo spazio degli iperparametri.

Grid search:

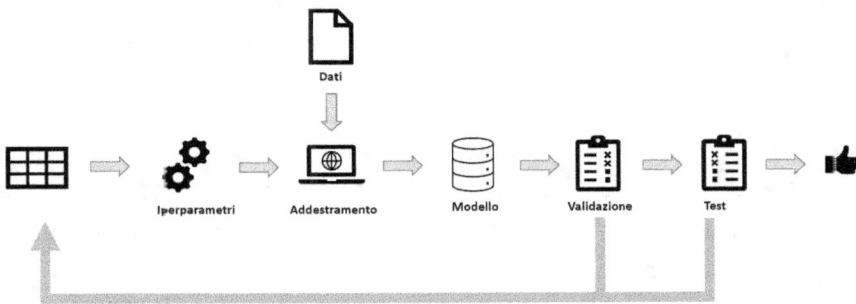

Uno dei metodi più utilizzati per individuare i migliori valori degli iperparametri è il Grid Search, una tecnica di esplorazione sistematica che prevede la valutazione delle prestazioni del modello su diverse combinazioni di iperparametri.

Questa tecnica non è molto efficiente, soprattutto quando abbiamo tanti iperparametri.

<u>Funzionamento del Grid Search</u>

- **Definizione dei Ranghi**: Prima di iniziare il Grid Search, è necessario definire i ranghi o insiemi di valori possibili per ciascun iperparametro. Ad esempio, per un algoritmo di apprendimento profondo, si potrebbe definire un insieme di valori per il numero di strati nascosti e un altro insieme per il tasso di apprendimento.

- **Creazione della Griglia**: Il Grid Search crea una griglia che rappresenta tutte le possibili combinazioni di valori degli iperparametri definiti nei ranghi. Ad esempio, se ci sono 3 valori possibili per il numero di strati nascosti e 4 valori possibili per il tasso di apprendimento, la griglia conterrà 12 combinazioni.
- **Iterazione e Valutazione**: Per ogni combinazione di iperparametri nella griglia, il modello viene addestrato e valutato utilizzando una tecnica di valutazione, come la cross-validation. Le prestazioni del modello vengono registrate per ciascuna combinazione.
- **Selezione dei Migliori Iperparametri**: Dopo aver completato l'iterazione attraverso la griglia, vengono selezionate le combinazioni di iperparametri che hanno prodotto le migliori prestazioni in base a una metrica di valutazione specificata (ad esempio, l'accuratezza o l'errore quadratico medio).

Vantaggi del Grid Search
- **Esplorazione Sistematica**: Il Grid Search esplora in modo sistematico una vasta gamma di combinazioni di iperparametri, assicurandosi che nessuna possibile configurazione venga trascurata.
- **Ricerca Globale**: Poiché valuta tutte le combinazioni specificate, il Grid Search è in grado di trovare combinazioni ottimali anche in spazi iperparametrici complessi.
- **Guida per la Sintonizzazione**: Il Grid Search fornisce una guida utile su quali iperparametri hanno un impatto significativo sulle prestazioni del modello.

Limitazioni del Grid Search
- **Computazionalmente Costoso**: Il Grid Search può essere computazionalmente costoso, soprattutto quando il numero di combinazioni e il set di addestramento sono grandi.

- **Limitazioni Spaziali**: In spazi iperparametrici molto ampi, il Grid Search potrebbe non essere efficiente, poiché esamina tutte le possibili combinazioni.
- **Vincoli di Tempo**: In alcuni casi, come il deployment in tempo reale, il tempo potrebbe essere limitato, rendendo il Grid Search meno pratico.

Random search:

La Random Search è un metodo di ottimizzazione degli iperparametri nei modelli di Machine Learning che si basa sull'esplorazione casuale di diverse combinazioni di valori degli iperparametri. A differenza del Grid Search, che esamina sistematicamente tutte le combinazioni possibili, la Random Search seleziona casualmente combinazioni di iperparametri da esplorare. Questo approccio è efficace per esplorare uno spazio iperparametrico in modo efficiente, riducendo il costo computazionale rispetto a un'esplorazione sistematica.

Funzionamento della Random Search

- **Definizione dei Ranghi**: Come nel Grid Search, è necessario definire i ranghi o insiemi di valori possibili per ciascun iperparametro.
- **Generazione Casuale**: La Random Search genera casualmente combinazioni di valori degli iperparametri nei ranghi definiti. Ad esempio, per un determinato iperparametro, verrà scelto un valore casuale all'interno del suo intervallo di valori possibili.
- **Addestramento e Valutazione**: Il modello viene addestrato e valutato utilizzando ciascuna combinazione di valori degli iperparametri generate casualmente. Le prestazioni vengono misurate utilizzando una metrica di valutazione appropriata.
- **Iterazioni e Selezione**: La Random Search ripete il processo di addestramento e valutazione per un numero prestabilito di iterazioni o fino a quando non si trova una combinazione di iperparametri che produce prestazioni soddisfacenti.

- **Selezione dei Migliori Iperparametri**: Alla fine delle iterazioni, vengono selezionate le combinazioni di iperparametri che hanno prodotto le migliori prestazioni in base alla metrica di valutazione specificata.

Vantaggi della Random Search:
- **Efficienza**: La Random Search esplora uno spazio iperparametrico in modo efficiente, riducendo il costo computazionale rispetto a un'esplorazione sistematica come il Grid Search.
- **Scoperta di Combinazioni Inattese**: L'approccio casuale potrebbe portare alla scoperta di combinazioni di iperparametri che potrebbero essere trascurate in un'esplorazione sistematica.
- **Adattabilità**: La Random Search è adattabile a una vasta gamma di problemi e può essere utilizzata anche con spazi iperparametrici complessi.

Limitazioni della Random Search:

- **Varianza**: Poiché l'esplorazione è casuale, le prestazioni possono variare notevolmente da un'esecuzione all'altra, rendendo la selezione delle migliori combinazioni di iperparametri meno stabile.
- **Mancanza di Esplorazione Sistematica**: A differenza del Grid Search, la Random Search potrebbe non esplorare completamente tutte le possibili combinazioni di iperparametri.
- **Scarsa Precisione**: Se il numero di iterazioni è limitato, la Random Search potrebbe non esplorare in modo approfondito alcune regioni dello spazio iperparametrico.

Apprendimento non supervisionato

Il clustering

Il clustering è un'importante tecnica nell'ambito dell'apprendimento automatico che mira a organizzare un insieme di dati in gruppi omogenei, noti come cluster, basandosi sulla loro similarità intrinseca. A differenza degli algoritmi di apprendimento supervisionato, dove il modello è addestrato su dati etichettati, il clustering è un approccio non supervisionato. Ciò significa che durante il processo di clustering, non sono disponibili etichette o esempi specifici da utilizzare come guida.

L'obiettivo principale del clustering è individuare strutture e pattern nei dati senza ricorrere a informazioni esterne. Questo è particolarmente utile quando si desidera esplorare e comprendere la struttura intrinseca dei dati o quando si cerca di identificare gruppi di osservazioni simili in modo autonomo. L'algoritmo di clustering cerca di creare raggruppamenti in base alle caratteristiche comuni dei dati, senza alcun preconcetto sul numero o la natura dei cluster.

L'approccio non supervisionato del clustering comporta diverse sfide, ma offre anche opportunità uniche. Senza l'ausilio di etichette o esempi di addestramento, il clustering può rivelare relazioni nascoste tra i dati che potrebbero non essere evidenti a prima vista. Questo rende il clustering una tecnica preziosa in vari scenari, come nell'analisi dei dati, nella segmentazione del mercato, nell'organizzazione di documenti, nell'identificazione di gruppi di utenti o nella rilevazione di anomalie.

K-Means clustering

Il K-Means Clustering è un algoritmo di apprendimento non supervisionato ampiamente utilizzato per la suddivisione di un set di dati in gruppi omogenei chiamati cluster. Questo approccio si basa sulla ricerca dei centroidi, che rappresentano i punti centrali di ciascun cluster, e assegna i punti dati al cluster il cui centroide è più vicino. Il K-Means è particolarmente utile quando si desidera esplorare la struttura intrinseca dei dati, identificando pattern e gruppi nascosti.

Funzionamento del K-Means Clustering

1. **Inizializzazione dei Centroidi**: L'algoritmo inizia selezionando casualmente k punti dati come centroidi iniziali, dove k è il numero di cluster desiderati

2. **Assegnazione al Cluster**: Per ciascun punto dati, viene calcolata la distanza rispetto ai centroidi. Il punto viene quindi assegnato al cluster del centroide più vicino.

3. **Ricalcolo dei Centroidi**: Dopo aver assegnato tutti i punti ai cluster, i centroidi vengono ricalcolati come la media dei punti assegnati a ciascun cluster.

4. **Ripetizione**: I passaggi 2 e 3 vengono ripetuti fino a quando i centroidi smettono di cambiare significativamente o fino a quando viene raggiunto un numero massimo di iterazioni.

5. **Convergenza**: Una volta che i centroidi convergono e smettono di cambiare, l'algoritmo termina. I punti dati sono ora suddivisi in cluster basati sulla vicinanza ai centroidi.

Vantaggi del K-Means Clustering

- **Semplicità ed Efficienza**: Il K-Means è relativamente semplice e computazionalmente efficiente, rendendolo adatto anche per set di dati di grandi dimensioni.

- **Scalabilità**: L'algoritmo può gestire grandi quantità di dati e può essere esteso a dimensioni superiori a 2.

- **Scoperta di Strutture**: Il K-Means può rivelare pattern nascosti nei dati e può essere utilizzato per la segmentazione del mercato, l'analisi dei clienti, la categorizzazione dei documenti e altro ancora.

Limitazioni del K-Means Clustering

- **Scelta del Numero di Cluster (k)**: La scelta di k è spesso soggettiva e può influenzare significativamente i risultati. Esistono alcune tecniche per stimare k, ma potrebbe essere necessario eseguire più iterazioni con diversi valori di k per ottenere una soluzione adeguata.

- **Sensibile alla Posizione Iniziale**: La scelta iniziale dei centroidi può influenzare la convergenza dell'algoritmo e i risultati finali.
- **Non Lineare**: Il K-Means assume che i cluster abbiano forme geometriche simmetriche e omogenee, il che può limitare la sua efficacia in presenza di cluster non lineari o di dimensioni diverse.
- **Sensibile alla Scala**: Dato che il calcolo delle distanze dipende dalla scala delle variabili, è importante standardizzare i dati prima dell'applicazione del K-Means.

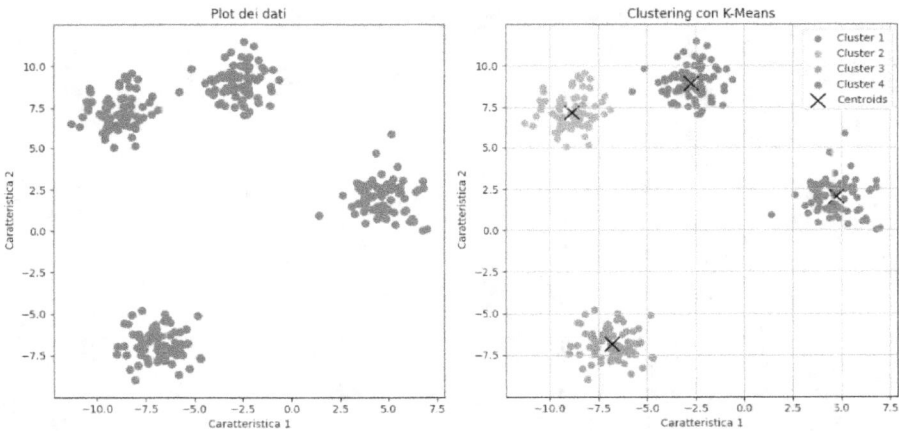

Come scegliere il valore di k?

Generalmente lavoreremo con dataset con più di 2 proprietà, quindi difficilmente rappresentabili sul piano. Esistono diversi metodi per calcolare k. Vediamone alcuni.

Il calcolo del numero ottimale di cluster, rappresentato da "k", è una decisione critica nel processo di clustering. Una scelta sbagliata di k può portare a risultati insoddisfacenti o a una mancanza di interpretabilità dei cluster. Esistono alcune tecniche e criteri che puoi utilizzare per aiutarti a determinare il valore appropriato ci k:

- **Metodo del Gomito (Elbow Method)**: Questo è uno dei metodi più comuni per stimare il numero ottimale di cluster. In questo metodo, si traccia la somma dei quadrati delle distanze tra i punti dati e il centroide del cluster più vicino al quale appartengono (detta inerzia). Si ricerca il punto in cui il grafico mostra un "gomito", ovvero un punto in cui la variazione della somma dei quadrati delle distanze rallenta. Questo punto è spesso considerato come un'indicazione del numero ottimale di cluster.

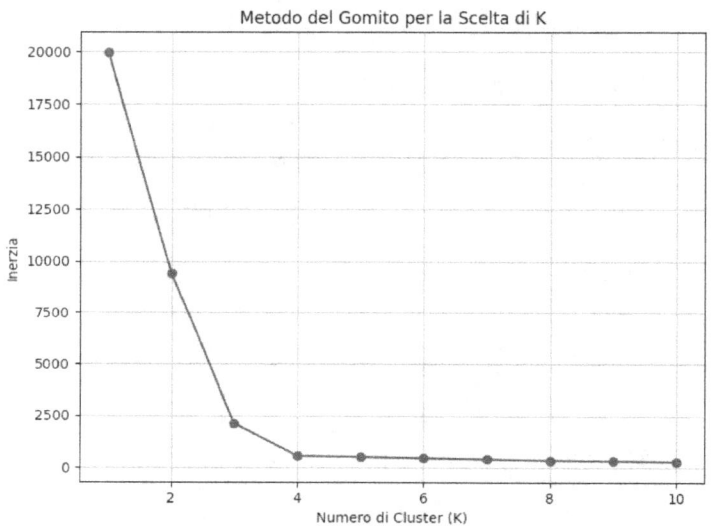

Nel grafico sopra, sembrerebbe che il valore ottimale di K sia 4, poiché è il punto in cui l'inerzia inizia a diminuire più lentamente prima di stabilizzarsi. Quindi, K=4 potrebbe essere una scelta ragionevole per il numero di cluster ottimale per i tuoi dati. Tuttavia, la scelta finale di K dovrebbe essere basata anche su considerazioni specifiche del dominio e sperimentazioni, e potresti voler esplorare ulteriori valori di K per confermare questa scelta.

- **Metodo della Silhouette**: La Silhouette è una misura di quanto un punto dati sia simile al suo cluster rispetto agli altri cluster. Questo metodo calcola un punteggio di silhouette (non entro nel dettaglio del calcolo) per ciascun punto dati e per l'intero set di dati, quindi calcola la media dei punteggi. Un valore più alto della media della Silhouette indica un raggruppamento migliore. Puoi provare diversi valori di k e scegliere quello che massimizza la media della Silhouette.

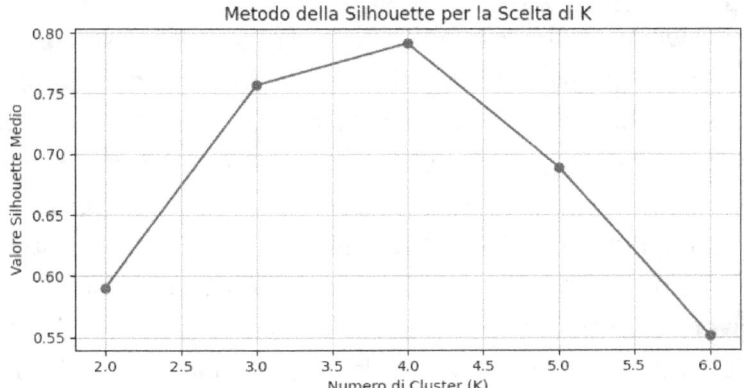

- **Validità Esterna**: Se disponi di etichette di classe o conoscenza esterna, puoi utilizzare metriche come l'indice di Rand o il punteggio Fowlkes-Mallows per valutare le prestazioni del clustering con diversi valori di k. Questo ti aiuterà a determinare quale valore di k produce raggruppamenti più coerenti con le etichette di classe esistenti.

Indice di Rand (Rand Index - RI):

- L'indice di Rand misura la similarità tra due insiemi di partizioni, uno ottenuto dall'algoritmo di clustering e l'altro rappresenta la verità fondamentale o le etichette reali dei dati.
- Calcola il numero di coppie di punti dati che sono classificati nello stesso cluster sia nell'insieme di partizioni ottenuto dall'algoritmo che in quello reale, e il numero di coppie di punti dati che sono classificati in cluster diversi in entrambi gli insiemi di partizioni.
- L'indice di Rand varia da 0 (nessuna somiglianza tra le partizioni) a 1 (partizioni identiche).

L'indice di Rand è una metrica di similarità che fornisce un valore compreso tra 0 e 1. Tuttavia, può essere influenzato dalla dimensione del campione e non è una metrica normalizzata, il che significa che i valori possono variare a seconda del numero di cluster e dei dati stessi.

Punteggio Fowlkes-Mallows (Fowlkes-Mallows Score - FMS)
- Il punteggio Fowlkes-Mallows è una metrica che misura la similarità tra le partizioni ottenute dall'algoritmo di clustering e le partizioni reali dei dati.
- Calcola la radice quadrata del rapporto tra il numero di coppie di punti dati che sono classificati nello stesso cluster sia nell'insieme di partizioni ottenuto dall'algoritmo che in quello reale, e il prodotto del numero di coppie di punti dati che sono classificati nello stesso cluster in entrambi gli insiemi di partizioni e il numero di coppie di punti dati che sono classificati in cluster diversi in entrambi gli insiemi di partizioni.
- Il punteggio Fowlkes-Mallows varia da 0 (nessuna somiglianza tra le partizioni) a 1 (partizioni identiche).

Il punteggio Fowlkes-Mallows è simile all'indice di Rand e fornisce una misura di similarità tra le partizioni, ma tiene conto solo delle coppie di punti dati e delle loro associazioni nei cluster.

- **Metodo dell'Inertia (Scatter Within Cluster)**: L'inertia misura quanto i punti dati di un cluster sono vicini al centroide del cluster. In generale, all'aumentare di k, l'inertia diminuirà poiché i cluster saranno più piccoli. Tuttavia, quando k diventa troppo grande, i cluster saranno eccessivamente specifici e l'inertia diminuirà meno rapidamente. Pertanto, puoi cercare il punto in cui la diminuzione dell'inertia rallenta.
- **Analisi Visuale**: Puoi utilizzare grafici come diagrammi a dispersione o grafici delle distanze tra i punti dati per ottenere un'idea visiva di come i dati sono raggruppati. Anche se questa è un approccio meno formale, può darti intuizioni preziose sulla natura dei cluster.

È importante notare che non esiste un metodo universale per determinare il valore esatto di k, e spesso è consigliabile utilizzare più metodi e criteri in combinazione per prendere una decisione informata. Inoltre, potresti dover sperimentare diversi valori di k e valutare i risultati del clustering per scegliere quello che meglio si adatta al tuo problema specifico.

Clustering gerarchico

Il clustering gerarchico è un potente metodo di analisi dei dati che mira a organizzare un set di dati in una struttura a gerarchia di cluster. A differenza di altri approcci di clustering, il clustering gerarchico crea una rappresentazione organizzata dei dati in cui i cluster sono organizzati in modo gerarchico, formando un albero o una struttura ad albero. Questa tecnica offre un modo intuitivo per esplorare e comprendere la struttura dei dati a diversi livelli di dettaglio.

Il clustering gerarchico può essere suddiviso in due tipi principali: il clustering gerarchico agglomerativo e il clustering gerarchico divisivo.

Clustering Gerarchico Agglomerativo:
- Inizia trattando ciascun punto dati come un cluster individuale.
- Combina iterativamente i cluster più simili in uno nuovo, creando una gerarchia di cluster.
- Questo processo continua fino a quando tutti i punti dati appartengono a un unico cluster.

Clustering Gerarchico Divisivo:
- Inizia considerando tutti i punti dati come un unico cluster.
- Suddivide iterativamente il cluster in cluster più piccoli, creando una gerarchia di cluster.
- Questo processo continua fino a quando ogni punto dati rappresenta un cluster individuale.

Creazione della Struttura Gerarchica:
La struttura gerarchica è rappresentata comunemente tramite un dendrogramma, un diagramma a struttura ad albero che mostra come i cluster si

fondono o si dividono nel corso delle iterazioni. Ogni livello del dendrogramma rappresenta una diversa scala di similarità tra i cluster o i punti dati.

Vantaggi del Clustering Gerarchico:

- **Esplorazione Gerarchica**: Il clustering gerarchico consente di esplorare i dati a vari livelli di dettaglio, dall'analisi globale delle grandi strutture ai dettagli dei singoli cluster.
- **Nessuna Esigenza di Specificare k**: A differenza di altri metodi di clustering, il clustering gerarchico non richiede la scelta iniziale del numero di cluster "k", poiché crea una struttura gerarchica completa.
- **Interpretabilità**: Il dendrogramma fornisce una rappresentazione visiva intuitiva della struttura dei dati, facilitando l'interpretazione dei risultati.

Limitazioni del Clustering Gerarchico:
- **Complessità Computazionale**: Il clustering gerarchico può essere computazionalmente costoso, specialmente su set di dati di grandi dimensioni, poiché richiede il calcolo di distanze o similarità per ogni possibile combinazione di cluster.
- **Sensibilità all'Ordine dei Dati**: L'ordine dei dati può influenzare i risultati del clustering gerarchico agglomerativo, poiché il processo di fusione dipende dall'ordine in cui vengono considerati i cluster.
- **Non Adatto a Grandi Dati**: Su set di dati molto grandi, il dendrogramma potrebbe diventare ingombrante e difficile da interpretare.

Vediamo un esempio di cluster gerarchico agglomerativo, che è il più utilizzato.

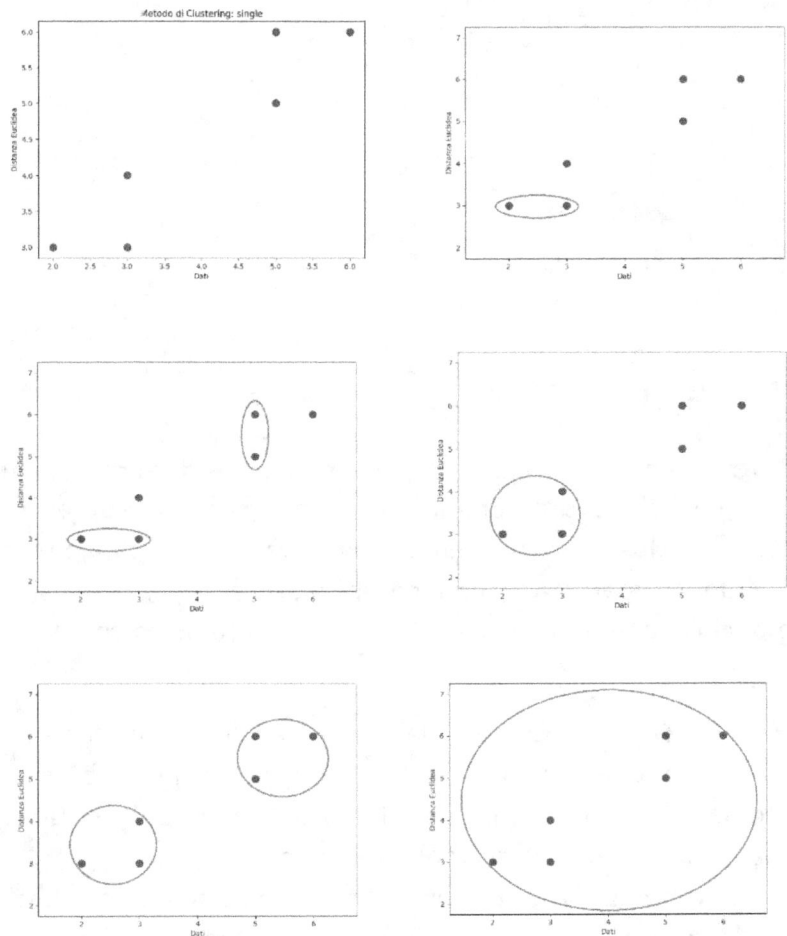

Durante il processo di accorpamento dei cluster dobbiamo creare un dendrogramma.

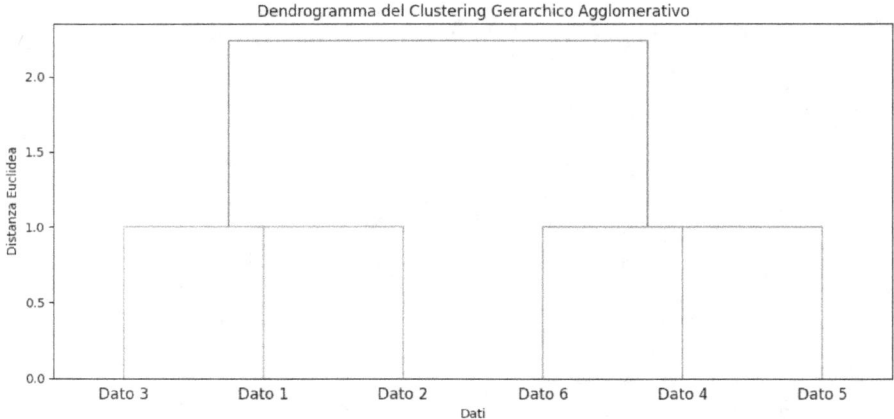

Passare da un dendrogramma a un insieme di cluster richiede di effettuare un processo chiamato "taglio del dendrogramma". Il dendrogramma rappresenta una struttura gerarchica dei cluster, con i livelli di similarità mostrati lungo l'asse verticale. Tagliando il dendrogramma a una determinata altezza, è possibile ottenere un insieme di cluster basato sulla struttura gerarchica. Ecco come puoi fare questo:

- **Scelta dell'Altezza di Taglio**: Decide quale altezza del dendrogramma rappresenta il numero desiderato di cluster. Questa decisione può essere basata su criteri come il numero di cluster desiderato, l'analisi della struttura del dendrogramma o l'obiettivo specifico del tuo studio.
- **Taglio del Dendrogramma**: Traccia una linea orizzontale all'altezza selezionata lungo l'asse verticale del dendrogramma. Questo determinerà quanti cluster saranno creati. I cluster formati dal taglio del dendrogramma condivideranno un'origine comune nel punto in cui è stata fatta la linea.
- **Assegnazione dei Punti Dati**: I punti dati nel set di dati verranno assegnati ai cluster in base al taglio del dendrogramma. Ad esempio, ogni cluster sarà costituito dai punti dati collegati in modo diretto al dendrogramma sopra la linea di taglio.

- **Rappresentazione dei Cluster**: Ora hai ottenuto un insieme di cluster, ognuno dei quali rappresenta un gruppo di punti dati simili. Puoi rappresentare graficamente questi cluster o analizzarli ulteriormente per ottenere insights sulle strutture dei dati.

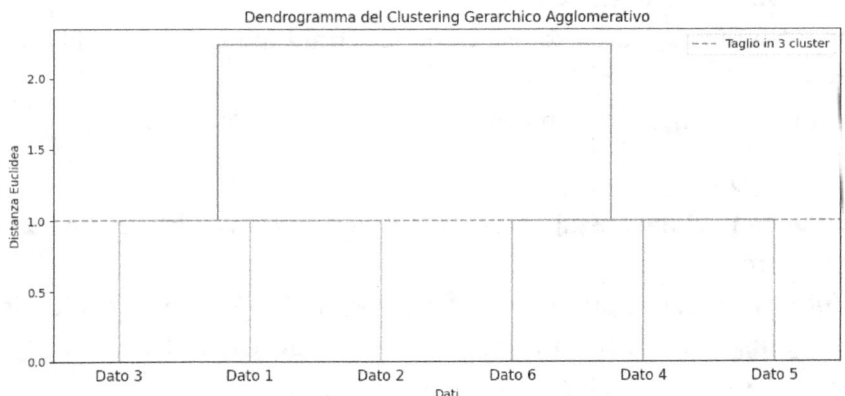

È importante notare che il taglio del dendrogramma a una certa altezza può avere un impatto significativo sui risultati del clustering. Un taglio troppo alto potrebbe produrre cluster troppo grandi e eterogenei, mentre un taglio troppo basso potrebbe creare cluster troppo piccoli e specifici. Pertanto, è consigliabile effettuare un'analisi approfondita del dendrogramma e considerare attentamente gli obiettivi del tuo studio prima di effettuare il taglio.

DBSCAN

Mentre con il k-means il numero di cluster va definito a priori, con il clustering gerarchico viene definito a posteriore, con il DBSCAN non serve definire il numero di custer.

Il DBSCAN (Density-Based Spatial Clustering of Applications with Noise) è un algoritmo di clustering molto utile per identificare cluster di forma arbitraria e per rilevare punti rumorosi nei dati. A differenza di molti altri metodi di clustering, DBSCAN non richiede la specificazione del numero di cluster a priori e può gestire dati non lineari e di varia densità in modo efficace.

L'approccio principale di DBSCAN si basa sulla definizione di concetti chiave come punti centrali, punti di bordo e punti di rumore:

- **Punto Centrale**: Un punto è definito come centrale se all'interno di una certa distanza, chiamata raggio di raggiungibilità (epsilon, ε), esiste un numero minimo di punti (MinPts) o più.
- **Punto di Bordo**: Un punto è di bordo se non è centrale ma è raggiungibile da un punto centrale all'interno del raggio ε.
- **Punto di Rumore**: Un punto è di rumore se non è né centrale né di bordo.

Passaggi dell'Algoritmo DBSCAN:
- **Selezione del Punto Iniziale**: Scegli un punto casuale e controlla se è centrale, di bordo o di rumore.
- **Espansione del Cluster**: Se il punto è centrale, espandi il cluster includendo tutti i punti raggiungibili entro il raggio ε. Continua ad espandere il cluster fino a quando non sono più presenti punti raggiungibili.
- **Esplorazione dei Punti**: Ripeti il processo per i punti centrali e di bordo fino a quando tutti i punti sono assegnati a un cluster o etichettati come rumore.

Vantaggi di DBSCAN:
- **Flessibilità nella Forma del Cluster**: DBSCAN può identificare cluster di forme arbitrarie e può gestire dati non lineari.
- **Rilevamento del Rumore**: DBSCAN è in grado di rilevare e isolare punti di rumore, che sono spesso presenti nei dati reali.
- **Scelta Automatica del Numero di Cluster**: Non richiede la specificazione del numero di cluster a priori, semplificando il processo di clustering.
- **Robustezza**: Poiché DBSCAN si basa sulla densità, è meno influenzato da valori anomali o punti isolati.

Limitazioni di DBSCAN:
- **Sensibile ai Parametri**: La scelta dei parametri ε e MinPts può influenzare i risultati. Troppi punti di bordo potrebbero causare la connessione tra cluster separati, mentre valori troppo bassi potrebbero creare cluster troppo piccoli.

- **Difficoltà con Diverse Densità**: DBSCAN potrebbe avere difficoltà a gestire set di dati con cluster di densità diversa.
- **Influenza della Distanza**: DBSCAN è sensibile alla scala dei dati e potrebbe richiedere la normalizzazione.

Un possibile campo di applicazione del DBSCAN è l'anomaly detection, cioè l'individuazione di punti anomali o outlier all'interno di un insieme di dati. Mentre il DBSCAN è originariamente progettato per il clustering, la sua natura basata sulla densità e la capacità di identificare punti di rumore lo rendono adatto anche per la rilevazione delle anomalie.

Vediamo un esempio in cui è stato definito epsilon=2 e MinPts=3. I punti rumore possono essere anche definiti anomalie o outlier.

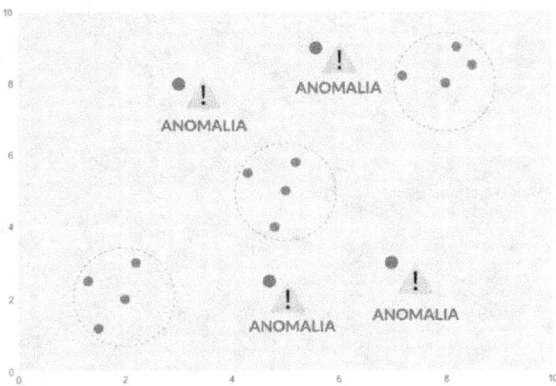

Vediamo un esempio di output del DBSCAN:

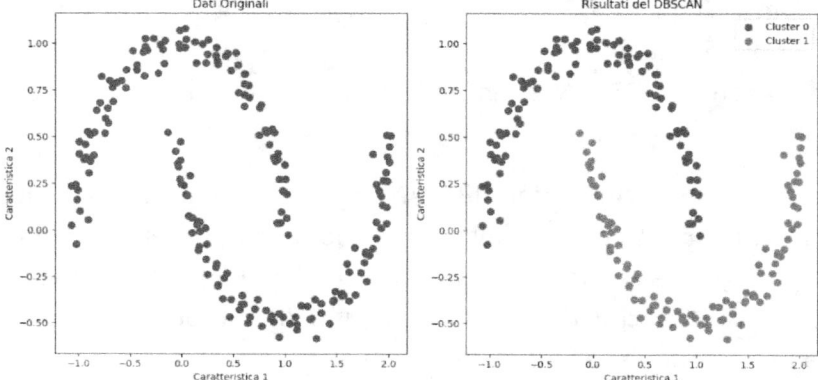

Riduzione della dimensionalità

Cosa è la dimensionalità?

La dimensionalità di un dataset si riferisce al numero di attributi, caratteristiche o variabili che sono registrate per ogni singola osservazione o punto dati all'interno del dataset. In altre parole, rappresenta il numero di aspetti distinti misurati o registrati per ogni entità rappresentata nei dati. Ad esempio, considera un dataset che contiene informazioni sugli studenti universitari. Ogni studente può essere descritto da vari attributi come l'età, il sesso, il GPA (Grade Point Average), il numero di corsi seguiti, le ore di studio, ecc. La somma totale di queste caratteristiche costituisce la dimensionalità del dataset.

Perché ridurre la dimensionalità?

La riduzione della dimensionalità è un processo importante nell'analisi dei dati e nell'apprendimento automatico, poiché comporta la riduzione del numero di variabili o attributi in un dataset. Questo processo è motivato da diverse ragioni chiave:

- **Semplificazione dell'Analisi**: I dataset ad alta dimensionalità possono essere complessi e difficili da analizzare. Ridurre la dimensionalità semplifica la comprensione dei dati, facilitando l'identificazione di pattern, trend e relazioni significative.
- **Prevenzione dell'Overfitting**: Nei modelli di Machine Learning, l'overfitting si verifica quando un modello si adatta troppo bene ai dati di addestramento, ma non generalizza bene su nuovi dati. Riducendo la dimensionalità, si riducono le probabilità di overfitting, poiché il modello ha meno parametri da adattare.
- **Gestione della Maledizione della Dimensionalità**: Con l'aumentare delle dimensioni, la distanza tra punti dati può diventare insignificante e i dati possono sembrare "sparsi". Riducendo la dimensionalità, si riducono gli

effetti della maledizione della dimensionalità, migliorando la qualità dell'analisi e dei modelli.

- **Miglioramento delle Prestazioni dei Modelli**: I modelli addestrati su dataset ridotti di dimensioni possono generalizzare meglio su nuovi dati, migliorando le prestazioni complessive del modello.

- **Riduzione del Rumore**: I dati ad alta dimensionalità possono contenere informazioni irrilevanti o rumore che possono influenzare negativamente le prestazioni dei modelli. Riducendo la dimensionalità, è possibile eliminare o ridurre il rumore, migliorando la qualità dei dati.

- **Velocità di Elaborazione**: I dataset ad alta dimensionalità richiedono più risorse computazionali e tempo per l'analisi e l'addestramento dei modelli. Riducendo la dimensionalità, è possibile accelerare i tempi di calcolo.

- **Visualizzazione dei Dati**: Riducendo le dimensioni, è più facile rappresentare graficamente i dati in spazi a due o tre dimensioni, facilitando la visualizzazione e l'interpretazione dei pattern.

- **Riduzione dei Costi**: I dati ad alta dimensionalità possono richiedere una maggiore capacità di archiviazione e risorse di calcolo. Riducendo la dimensionalità, è possibile ridurre i costi associati alla gestione dei dati.

Tuttavia, è importante notare che la riduzione della dimensionalità può comportare una certa perdita di informazioni dettagliate. Pertanto, è necessario bilanciare attentamente la semplificazione con la conservazione delle informazioni essenziali per il problema in esame. La scelta delle tecniche di riduzione della dimensionalità dipende dal contesto e dall'obiettivo dell'analisi.

La tecnica PCA

La Principal Component Analysis (PCA), conosciuta anche come "Analisi delle Componenti Principali", è una tecnica di riduzione della dimensionalità utilizzata nell'analisi dei dati e nell'apprendimento automatico. Ciò che rende la PCA particolarmente interessante è il suo approccio non supervisionato alla riduzione della dimensionalità. La PCA mira a trasformare un insieme di variabili correlate in un nuovo sistema di coordinate, in cui le variabili originali vengono proiettate lungo le direzioni principali di maggiore varianza. Questo processo è guidato unicamente dalle strutture intrinseche dei dati stessi, senza l'utilizzo di etichette o informazioni di classe.

La PCA consiste nel comprimere insieme proprietà che sono correlate. All'interno di un dataset, le proprietà più importanti sono quelle che hanno una varianza maggiore. La varianza misura la variabilità dei valori all'interno di una distribuzione.

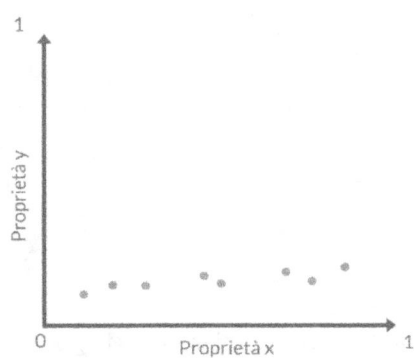

In questo esempio i dati sono stati normalizzati, ovvero si trovano all'interno dello stesso range (0-1).

Maggiore è la varianza, maggiore è l'informazione. Quindi scartiamo le proprietà che hanno poca varianza, che sono quelle con poca informazione (la proprietà Y nella figura sopra).

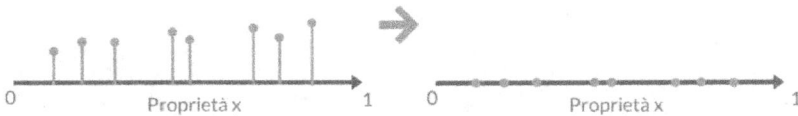

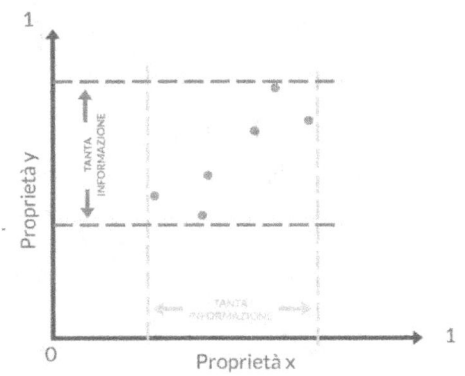

In questo secondo esempio, per passare da 2 dimensioni a 1 sola dimensione, non possiamo solamente liberarci di un asse perché questo ci farebbe perdere molta informazione, poiché entrambe le proprietà sono caratterizzate da una buona varianza, e quindi tanta informazione. La PCA che permette di individuare la direzione di maggior varianza, che viene chiamata prima componente principale. Identificata questa si possono identificare un numero di componenti principali pari alla dimensione che si vuole ottenere.

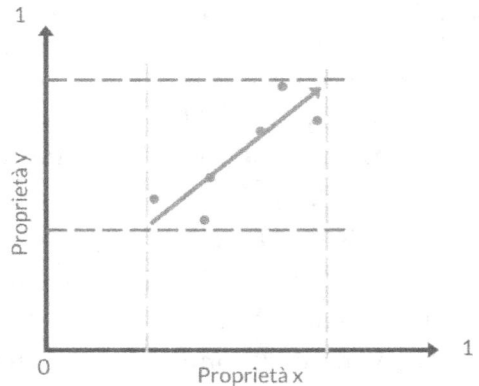

Le componenti principali successive alla prima devono essere ad essa ortogonali, e l'algebra lineare ci dice che due vettori sono perpendicolari fra di loro, ovvero formano un angolo di 90 gradi.

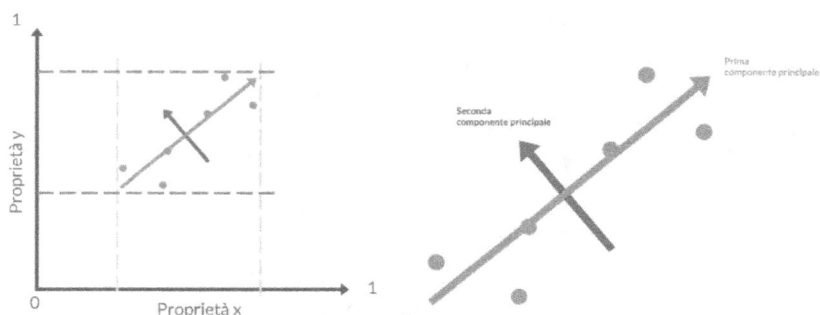

Ruotando queste due componenti, si può ottenere un nuovo dataset proiettato su un nuovo piano composto dalle due componenti principali.

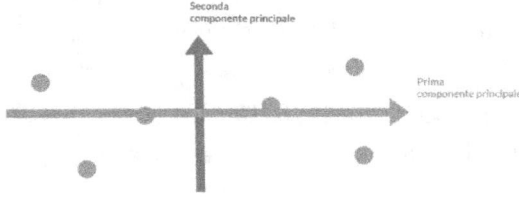

Adesso gran parte della varianza è contenuta nella prima componente principale e se volessimo ridurre la dimensionalità a 1 dimensione, potremo scartare la seconda componente principale, caratterizzata da una bassa varianza.

Quelli presentati sono esempi semplificati, ma nella vita reale avremo dataset con un numero di proprietà elevato (100/1000/10000).

Come faccio quindi a definire il numero di componenti principali?

1. Definirlo manualmente: se ad esempio abbiamo lo scopo di visualizzare il dataset in due dimensioni, dovremo tenere solamente le prime due componenti principali.

2. Scegliere una percentuale di varianza minima da mantenere (o una massima da perdere)

Comprendere a fondo la PCA richiede una conoscenza approfondita di algebra lineare, in particolare autovalori, autovettori, decomposizione a valori singolari, matrici inverse, matrici simmetriche, matrici delle varianze-covarianze.

La buona notizia è che già con questo approccio puoi affrontare la PCA; tuttavia, se padroneggi i concetti sopra esposti ti consiglio un maggiore approfondimento.

Approccio semplice e intuitivo

Pensa ai dati come a una raccolta di quadri di colori diversi. Ogni quadro rappresenta qualcosa, come un animale o un oggetto. Ogni colore nel quadro è come una caratteristica dell'oggetto.

Ora, immagina di voler semplificare questi quadri in modo da poterli guardare meglio, ma senza perdere le informazioni importanti. Ecco dove entra in gioco la PCA!

La PCA è come un'arte magica che trova i colori più importanti in ogni quadro. Non toglie colori a caso, ma trova quelli che fanno risaltare le differenze tra i quadri.

Usando la PCA, in realtà stiamo creando nuovi colori che sono combinazioni intelligenti dei colori originali. Questi nuovi colori rappresentano le parti più rilevanti dei quadri, come la forma dell'animale o l'aspetto dell'oggetto.

Ora, se guardi i quadri con i nuovi colori, puoi ancora capire quali oggetti sono diversi. È come se avessimo semplificato le immagini in modo che fosse più facile notare le differenze tra gli oggetti.

In breve, la PCA è come una tecnica artistica che semplifica i quadri in modo che possiamo ancora capire quali oggetti sono diversi, ma senza dover considerare ogni dettaglio complicato dei colori.

La tecnica LDA

Vediamo l'utilizzo della PCA in un problema di classificazione:

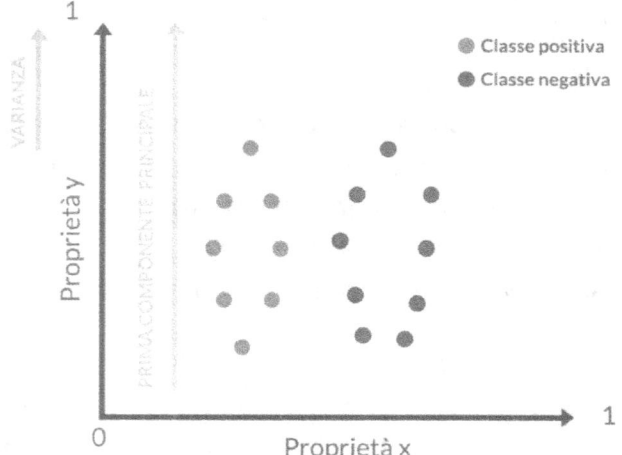

Riducendo la dimensionalità da 2 a 1 otteniamo:

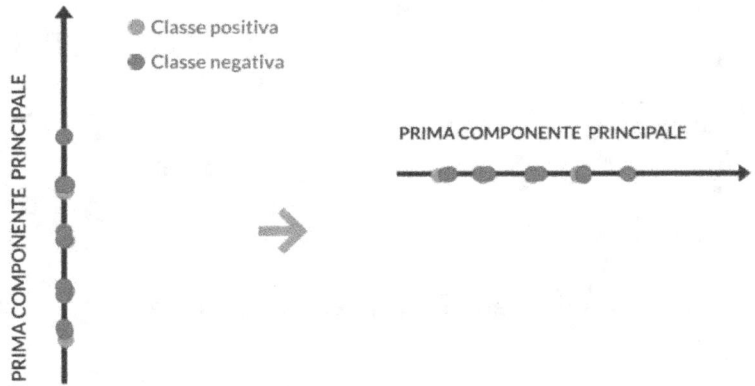

Così facendo abbiamo mantenuto la varianza, ma abbiamo perso le informazioni necessarie per la classificazione. La LDA, si occupa della varianza fra le singole classi, e non dei dati per intero; è una tecnica che tende a minimizzare la varianza nelle classi e a massimizzare la distanza tra punti medi.

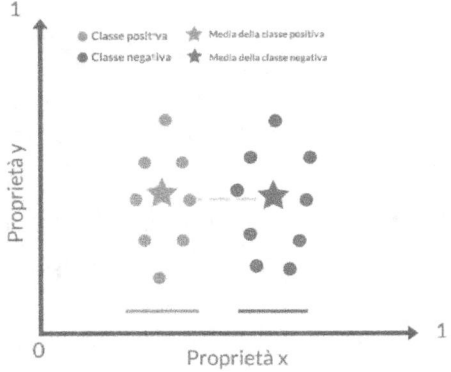

Cosa fare con più di 2 classi?
La LDA minimizza la varianza nelle classi e massimizza le distanze tra le medie delle classi e la media globale.

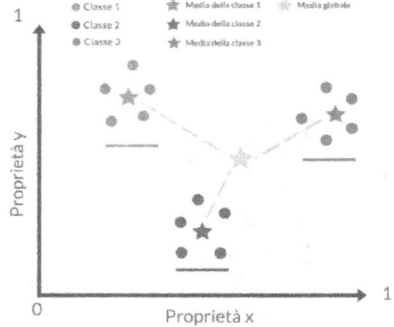

La LDA identifica un numero di discriminanti pari al numero delle classi -1.

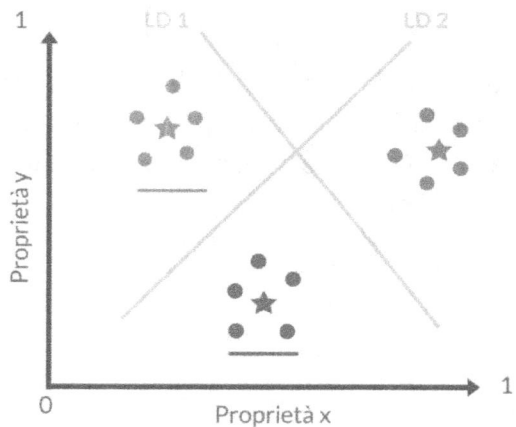

In questo esempio passeremo da uno spazio bidimensionale a uno che è ancora bidimensionale. Quando però si ha a che fare con un numero di proprietà elevato, la LDA può sicuramente aiutare.

PCA o LDA?

Tendenzialmente si utilizza la PCA per problemi di apprendimento non supervisionato, se le classi all'interno del dataset sono sbilanciate (il numero di esempi appartenenti a una classe è molto maggiore degli esempi appartenenti ad altre classi); negli altri casi è possibile utilizzare la LDA.

L'importanza della Selezione delle Feature

La selezione delle feature, nota anche come feature selection, è una fase cruciale nel processo di sviluppo dei modelli di Machine Learning. Consiste nel selezionare un sottoinsieme delle caratteristiche (feature) più rilevanti e informative dal dataset per addestrare il modello. Questa pratica è essenziale per migliorare le prestazioni del modello, ridurre il rischio di overfitting e semplificare la comprensione del problema.

Riduzione della Dimensionalità

I dataset possono contenere un gran numero di caratteristiche, alcune delle quali potrebbero essere irrilevanti o ridondanti per il problema specifico. La presenza di troppe caratteristiche può rendere il modello più complesso e richiedere più dati per l'addestramento, aumentando così il rischio di overfitting. La selezione delle feature aiuta a ridurre la dimensionalità del dataset, concentrandosi solo sulle caratteristiche più informative, semplificando così il modello e migliorando la sua capacità di generalizzazione.

Miglioramento delle Prestazioni

La selezione accurata delle feature può migliorare le prestazioni del modello, aumentando l'accuratezza delle previsioni. Rimuovendo le caratteristiche irrilevanti o rumorose, il modello è in grado di focalizzarsi sulle informazioni più rilevanti per il problema, migliorando così la sua capacità di fare previsioni accurate su nuovi dati. Questo è particolarmente importante quando si lavora con dataset grandi e complessi, in cui la selezione delle feature può aiutare a focalizzare l'attenzione del modello su ciò che è veramente importante per risolvere il problema.

Riduzione dei Tempi di Addestramento

La selezione delle feature può ridurre significativamente i tempi di addestramento del modello, poiché lavorare con un sottoinsieme ridotto di caratteristiche richiede meno calcoli e memoria. Questo è particolarmente utile quando si lavora con dataset di grandi dimensioni o con modelli computazionalmente intensivi, come le reti neurali profonde. Una riduzione del tempo di addestramento consente di sviluppare e sperimentare più rapidamente diversi modelli, rendendo più efficiente il processo di sviluppo del modello.

Interpretabilità del Modello

La selezione delle feature semplifica la comprensione del modello, poiché concentra l'attenzione solo sulle caratteristiche più rilevanti per il problema. Questo è particolarmente importante in scenari in cui è necessario spiegare il funzionamento del modello a stakeholder o clienti. Modelli più semplici e interpretabili sono più facili da comunicare e possono aiutare a costruire fiducia nell'uso del modello nelle decisioni aziendali.

Tecniche di Selezione delle Feature

Esistono diverse tecniche di selezione delle feature, tra cui:

- **Feature Importance**: Questa tecnica valuta l'importanza di ciascuna caratteristica calcolando la loro influenza sulle previsioni del modello. Alcuni modelli, come gli alberi di decisione o le foreste casuali, possono fornire direttamente misure di importanza delle feature.
- **Recursive Feature Elimination (RFE):** Questa tecnica funziona eliminando iterativamente le caratteristiche meno importanti fino a raggiungere il numero desiderato di feature. Viene utilizzata in combinazione con modelli che forniscono importanza delle feature.

Approccio Basato sul Dominio del Problema

Oltre alle tecniche automatiche di selezione delle feature, è importante coinvolgere l'esperienza umana e la conoscenza del dominio del problema nella selezione delle feature. Gli esperti del dominio possono fornire informazioni preziose sulle caratteristiche più significative e rilevanti per il problema, guidando così la selezione delle feature in modo più accurato e informato.

Deep Learning

Il Deep Learning è un campo affascinante e in rapida crescita nell'ambito dell'Intelligenza Artificiale (IA) che ha rivoluzionato la nostra capacità di affrontare compiti complessi di apprendimento automatico. La sua definizione, tuttavia, non è così semplice da enunciare in poche parole, poiché coinvolge una serie di concetti e tecnologie avanzate che hanno reso possibili molte delle applicazioni di successo dell'IA che vediamo oggi.

In termini più semplici, il Deep Learning è un sottocampo dell'apprendimento automatico (Machine Learning) che si concentra sulla costruzione e l'addestramento di reti neurali artificiali complesse e profonde. Queste reti neurali sono ispirate al funzionamento del cervello umano, con strati di neuroni artificiali interconnessi che elaborano informazioni in modo simile ai neuroni biologici.

La caratteristica chiave del Deep Learning è la profondità delle reti neurali coinvolte. In altre parole, queste reti sono costituite da numerosi strati intermedi, noti come strati nascosti, che consentono loro di apprendere rappresentazioni sempre più astratte dei dati in ingresso. Questo processo di estrazione di rappresentazioni gerarchiche dei dati è ciò che distingue il Deep Learning dalle reti neurali superficiali o dai modelli di apprendimento automatico tradizionali.

Un aspetto cruciale che ha reso il Deep Learning così potente è la capacità di apprendimento automatico delle caratteristiche. Mentre in passato gli ingegneri dovevano selezionare manualmente le caratteristiche rilevanti dei dati per alimentare i modelli di apprendimento automatico, il Deep Learning può identificare e apprendere queste caratteristiche da solo, attraverso iterazioni successive di addestramento.

Un'altra caratteristica distintiva del Deep Learning è la sua flessibilità. Queste reti neurali possono essere utilizzate per una vasta gamma di compiti, inclusi il riconoscimento di immagini, il riconoscimento vocale, la traduzione automatica, l'analisi dei testi e molto altro. Questa flessibilità ha contribuito a rendere il Deep

Learning una tecnologia chiave in numerosi settori, tra cui la medicina, l'industria automobilistica, la finanza, l'industria manifatturiera e l'elaborazione del linguaggio naturale.

Un'altra importante componente del Deep Learning è l'addestramento mediante dati. Questo significa che le reti neurali diventano più intelligenti e capaci man mano che vengono esposte a grandi quantità di dati di addestramento. Questo processo di apprendimento richiede una notevole potenza di calcolo, motivo per cui il Deep Learning è spesso associato a grandi cluster di computer e all'uso di unità di elaborazione grafica (GPU) per accelerare i calcoli.

Il Deep Learning ha raggiunto notevoli successi in molte applicazioni. Un esempio eclatante è il riconoscimento di immagini, dove le reti neurali profonde hanno superato l'abilità umana nell'identificare oggetti in fotografie complesse. In campo medico, il Deep Learning è stato utilizzato per diagnosticare malattie, come il cancro, attraverso l'analisi di immagini mediche. Nell'ambito dell'elaborazione del linguaggio naturale, le reti neurali sono diventate strumenti chiave per la traduzione automatica, la chatbot e l'analisi dei sentimenti.

Tuttavia, il Deep Learning non è privo di sfide. Uno dei problemi principali è la necessità di enormi quantità di dati di addestramento. In alcuni casi, può essere difficile raccogliere abbastanza dati di alta qualità per addestrare reti neurali profonde in modo efficace. Inoltre, le reti neurali profonde sono spesso considerate come "scatole nere" a causa della loro complessità, il che rende difficile spiegare il loro processo decisionale, in particolare in applicazioni critiche come la medicina o l'industria automobilistica.

Per affrontare alcune di queste sfide, i ricercatori stanno lavorando su nuovi approcci, come il Deep Learning spiegabile (XAI), che mira a rendere le reti neurali più trasparenti e interpretabili. Inoltre, stanno emergendo nuove architetture e algoritmi che cercano di migliorare l'efficienza e la capacità di apprendimento del Deep Learning.

In conclusione, il Deep Learning è una potente tecnologia di apprendimento automatico che si basa su reti neurali artificiali profonde per apprendere rappresentazioni complesse dei dati. Questa definizione può essere sintetizzata come la capacità di un sistema di apprendere automaticamente da dati e migliorare la sua prestazione con l'esperienza. Sebbene il Deep Learning abbia compiuto enormi progressi negli ultimi anni, rimangono sfide significative da affrontare, ma il suo potenziale per trasformare molteplici settori è innegabile, aprendo la strada a un futuro in cui l'Intelligenza Artificiale sarà sempre più integrata nella nostra vita quotidiana.

Reti neurali artificiali (ANN)

Le Reti Neurali Artificiali (ANN) prendono ispirazione dal cervello umano, il sistema di elaborazione delle informazioni più sofisticato e complesso conosciuto. Questo approccio bio-inspirato alla progettazione delle reti neurali mira a replicare il funzionamento dei neuroni, gli assoni e la propagazione del segnale nel cervello per creare un modello computazionale computerizzato che possa apprendere, riconoscere pattern e prendere decisioni in modo simile a quello umano.

Struttura dei Neuroni Biologici e Neuroni Artificiali

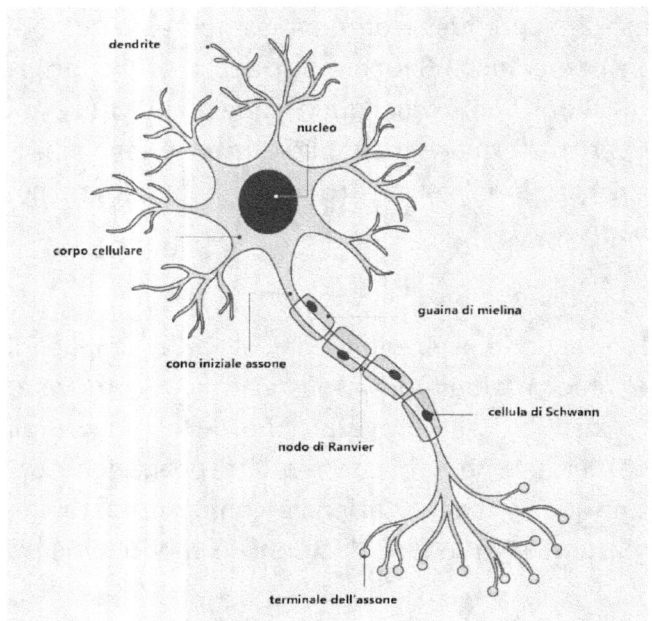

I neuroni biologici, che sono le unità fondamentali del cervello, sono composti da un corpo cellulare, dendriti e un assone. Quando i segnali elettrici (impulsi nervosi) arrivano al neurone attraverso le sinapsi (punto in cui due neuroni entrano in contatto e comunicano tra di loro) sulle dendriti, si accumula una carica elettrica nel corpo cellulare. Se questa carica elettrica supera una soglia critica, il neurone genera un potenziale d'azione, che viene poi trasmesso lungo l'assone verso altre sinapsi per comunicare con altri neuroni.

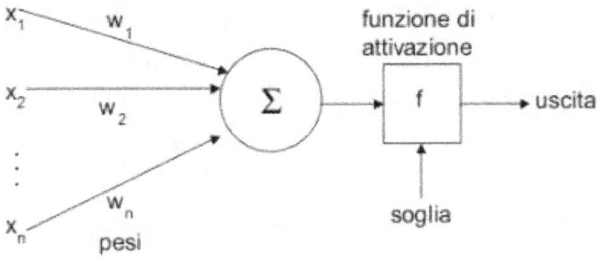

Nei neuroni artificiali, il corpo cellulare corrisponde all'elaborazione dei dati, mentre le connessioni ponderate tra neuroni corrispondono alle sinapsi. Gli assoni artificiali trasmettono i segnali tra i neuroni, portando all'elaborazione e alla trasmissione delle informazioni attraverso la rete neurale. L'output del neurone artificiale è calcolato utilizzando la somma ponderata dei segnali di input, che è quindi elaborata tramite una funzione di attivazione per produrre l'output finale del neurone.

Sinapsi Biologiche e Pesi Sinaptici delle Reti Neurali Artificiali
Nel cervello umano, le sinapsi svolgono un ruolo cruciale nella trasmissione dei segnali tra neuroni. Durante la comunicazione sinaptica, i neurotrasmettitori vengono rilasciati nella fessura sinaptica, trasmettendo il segnale elettrochimico da un neurone al successivo. Le sinapsi possono essere eccitatorie o inibitorie, influenzando l'attivazione o l'inibizione dei neuroni post-sinaptici.

Nelle reti neurali artificiali, i pesi sinaptici rappresentano i coefficienti di connessione tra i neuroni. Questi pesi determinano l'importanza relativa dei segnali in ingresso nella computazione dell'output del neurone. Durante l'addestramento, i pesi sinaptici vengono regolati iterativamente attraverso algoritmi di ottimizzazione, come la discesa del gradiente, per ridurre l'errore tra le previsioni della rete e le etichette corrette del dataset di addestramento. Questo processo di aggiornamento dei pesi permette alla rete di adattarsi ai dati e di apprendere modelli complessi.

Potenziale d'Azione e Propagazione del Segnale

Nel cervello umano, quando la carica elettrica del neurone supera una soglia critica, viene generato un potenziale d'azione. Questo potenziale d'azione si propaga lungo l'assone, trasmettendo il segnale da un neurone all'altro.

Analogamente, nei neuroni artificiali, quando la somma ponderata dei segnali in ingresso supera una certa soglia, il neurone artificiale attiva una funzione di attivazione, generando l'output del neurone. L'output del neurone viene poi propagato ad altri neuroni nella rete, portando alla propagazione dell'informazione e alla comunicazione tra neuroni artificiali.

Esempi di funzione di attivazione

- **Step Function (Funzione Gradino):**

La funzione gradino è una funzione di attivazione binaria che restituisce 0 se l'input è inferiore a una soglia, altrimenti restituisce 1.

$$f(x) = \begin{cases} 0, & se \; x < 0 \\ 1, & se \; x \geq 0 \end{cases}$$

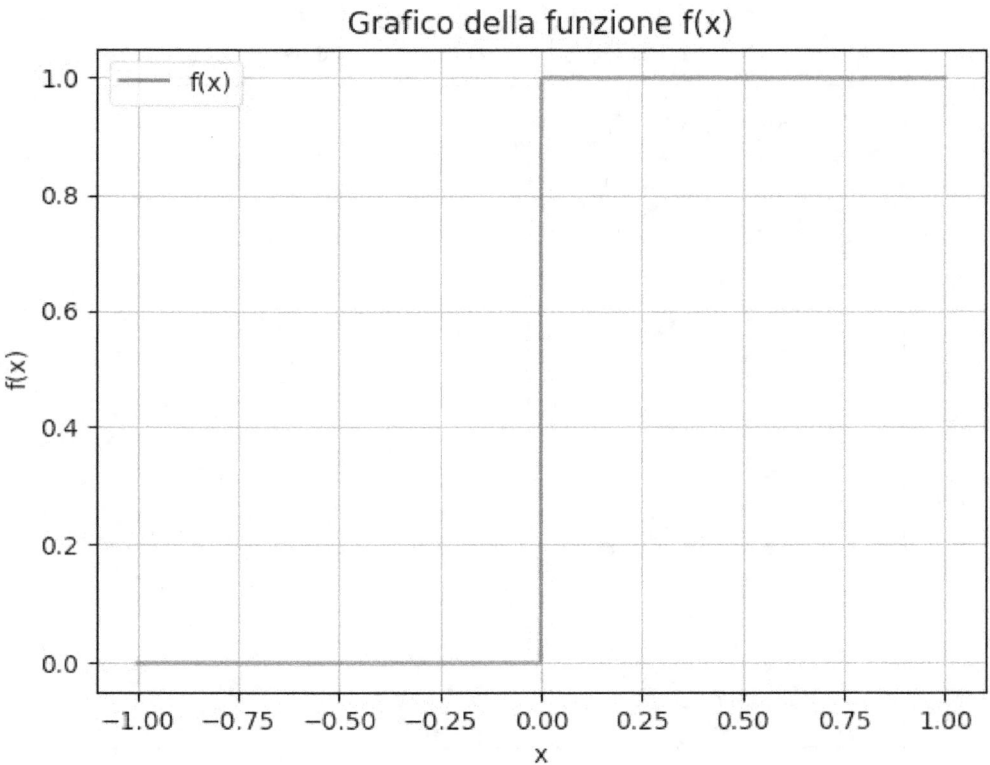

Questa funzione è molto semplice e non lineare, ma ha il problema di non essere differenziabile in tutti i punti (non ha una derivata definita ovunque nel suo dominio. In altre parole, ci sono almeno uno o più punti nel dominio della funzione in cui non è possibile calcolare una derivata), rendendola meno utilizzata nelle reti neurali moderne.

- **Sigmoide (Funzione Logistica):**

La funzione sigmoide è una funzione di attivazione non lineare che mappa i valori di input nell'intervallo (0, 1).

$$f(x) = \frac{1}{(1 + e^{-x})}$$

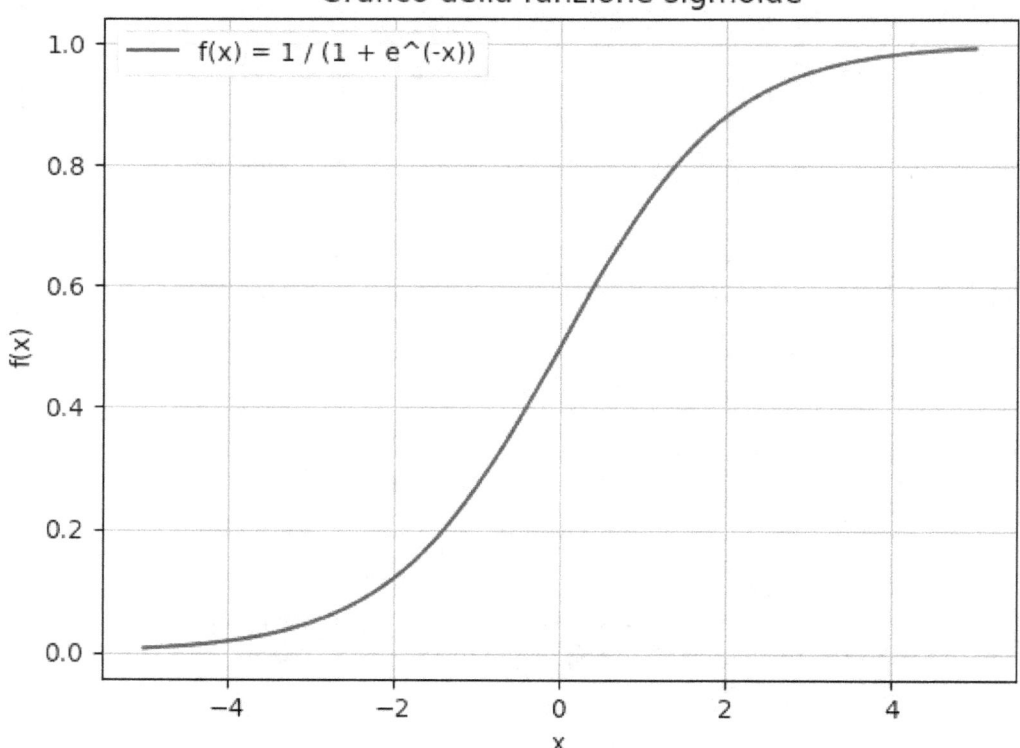

- **ReLU (Rectified Linear Unit):**

ReLU è una funzione di attivazione molto popolare per le reti neurali, che restituisce 0 per tutti i valori di input negativi e il valore di input stesso per tutti i valori positivi.

$$f(x) = max(0,x)$$

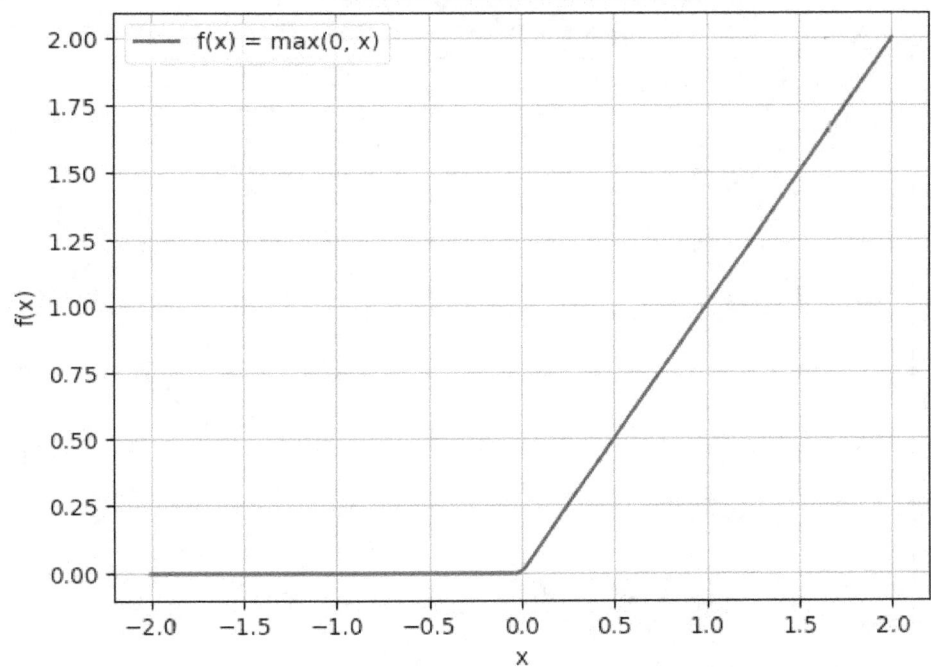

Grafico della funzione ReLU

- **Tangente Iperbolica (Tanh):**

La funzione tangente iperbolica è simile alla funzione sigmoide, ma mappa i valori di input nell'intervallo (-1, 1).

$$f(x) = \frac{1 - e^{-2x}}{1 + e^{-2x}}$$

Grafico della funzione f(x)

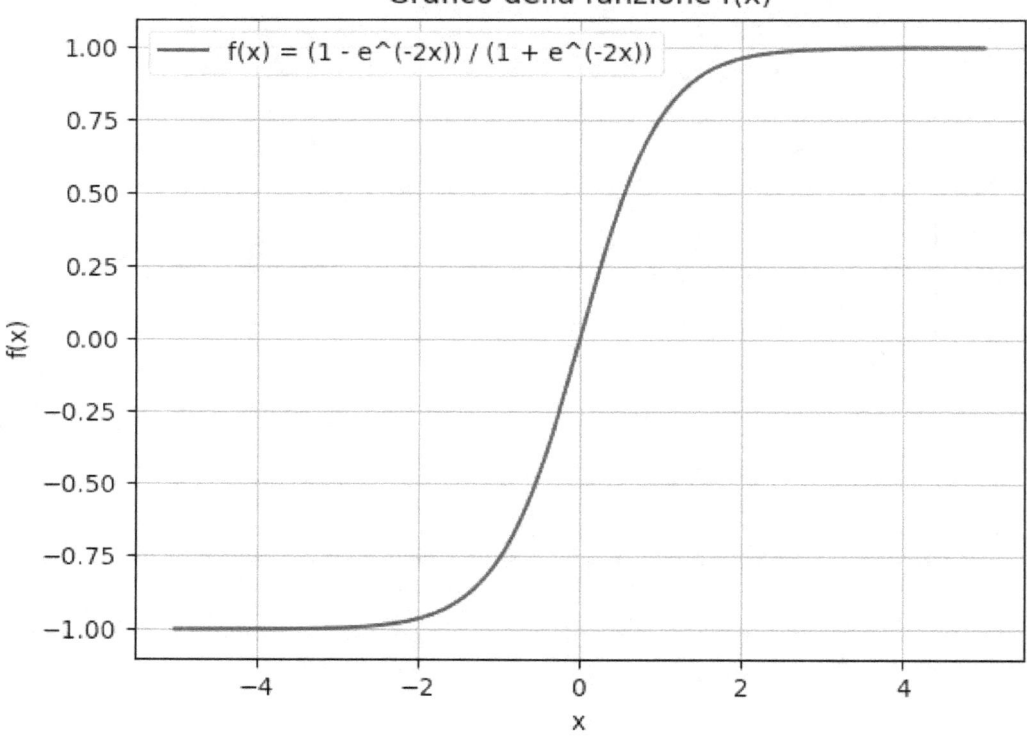

La funzione tangente iperbolica è simmetrica rispetto all'origine e può essere utile in reti neurali con dati che hanno valori sia positivi che negativi.

Ogni funzione di attivazione ha vantaggi e svantaggi e può essere più adatta per determinati tipi di problemi o architetture di reti neurali. La scelta della funzione di attivazione giusta può influenzare le prestazioni e la convergenza dell'addestramento della rete.

Architetture Neurali Fondamentali

Percettore multistrato

Il Perceptron rappresenta uno dei mattoncini fondamentali nell'ambito del machine learning e dell'Intelligenza Artificiale. È una delle prime reti neurali artificiali sviluppate e ha una storia ricca di importanza nel campo dell'apprendimento automatico. In questa trattazione, esploreremo il concetto di Perceptron, il suo funzionamento, la sua storia e la sua rilevanza nel panorama attuale del machine learning.

Definizione di Perceptron

Il Perceptron è un algoritmo di apprendimento supervisionato utilizzato per la classificazione binaria. In altre parole, è un modello che prende in input un insieme di dati e produce un output che indica in quale delle due classi (o categorie) possibili appartiene l'input. Questo modello prende ispirazione dal funzionamento di un neurone biologico e rappresenta una semplice unità di elaborazione.

Il Perceptron riceve un vettore di input, ciascun elemento del quale è associato a un peso. Questi pesi vengono moltiplicati con i rispettivi elementi di input e sommati insieme a un termine detto "bias". Il risultato di questa somma viene quindi passato attraverso una funzione di attivazione, spesso la funzione di attivazione di Heaviside (step function) o la funzione sigmoide, che produce l'output finale del Perceptron.

L'allenamento del Perceptron coinvolge la regolazione dei pesi in modo che il modello possa fare previsioni accurate. Questo viene fatto confrontando le previsioni del Perceptron con i risultati corretti e aggiornando i pesi in base all'errore di previsione. Questo processo di aggiornamento dei pesi viene eseguito utilizzando un algoritmo di apprendimento, spesso chiamato l'algoritmo di apprendimento del Perceptron.

Storia del Perceptron

Il Perceptron è stato sviluppato da Frank Rosenblatt nel 1957 presso il Cornell Aeronautical Laboratory. La sua idea era quella di creare un modello matematico ispirato alla funzione di elaborazione dei neuroni biologici, al fine di dimostrare che una macchina potesse apprendere da dati e migliorare la sua capacità di classificazione.

Inizialmente, il Perceptron ha suscitato un grande interesse e ottimismo nell'ambito della ricerca sull'Intelligenza Artificiale. L'idea di una macchina che potesse apprendere autonomamente sembrava promettente. Tuttavia, questo entusiasmo è stato attenuato da uno studio di Marvin Minsky e Seymour Papert nel 1969, intitolato "Perceptrons," che ha dimostrato le limitazioni del Perceptron nell'effettuare alcune operazioni di apprendimento, come la funzione XOR. Quest'ultima è una funzione logica che accetta due input binari (0 o 1) e restituisce 1 se esattamente uno degli input è 1, mentre restituisce 0 in tutti gli altri casi.

Il problema è che il Perceptron, nella sua forma più semplice, può essere utilizzato per separare linearmente le classi. Ciò significa che può essere utilizzato per tracciare una singola linea retta (o un iperpiano) per separare due classi di dati nello spazio delle caratteristiche. Tuttavia, il problema XOR non è linearmente separabile, poiché non è possibile tracciare una singola linea retta per separare gli input in modo che il Perceptron possa apprenderli correttamente.

Ecco come il Perceptron affronta il problema XOR:

1. Se si tenta di addestrare un Perceptron a imparare la funzione XOR, esso cercherà di tracciare una singola linea retta per separare i punti, ma non riuscirà a farlo con successo a causa della natura non linearmente separabile dei dati XOR.

2. Di conseguenza, il Perceptron non può apprendere in modo efficace la funzione XOR e non sarà in grado di fornire previsioni accurate per tutti i possibili input.

Questo studio ha portato a un periodo di declino nell'interesse per il Perceptron e l'Intelligenza Artificiale in generale, noto come "l'inverno dell'IA." Durante questo periodo, l'IA ha ricevuto meno attenzione e fondi, ma il Perceptron non è stato completamente dimenticato.

Rinascita e Impatto Attuale

Nonostante il periodo di declino, il Perceptron ha continuato a essere studiato e ha costituito una base importante per lo sviluppo di reti neurali più complesse e potenti. Nel corso degli anni, sono stati sviluppati approcci e architetture più avanzati, come le reti neurali feedforward, le reti neurali convoluzionali (CNN) e le reti neurali ricorrenti (RNN), che sono diventate pilastri del deep learning.

Negli anni recenti, con il potenziamento delle risorse computazionali e la raccolta massiccia di dati, il deep learning ha vissuto una rinascita incredibile. Le reti neurali profonde, che possono essere considerate estensioni complesse del Perceptron originale, sono state utilizzate per compiti di elaborazione dell'immagine, riconoscimento del linguaggio naturale, traduzione automatica, veicoli autonomi e molto altro.

Oggi, il Perceptron è spesso considerato un semplice caso speciale o una fondamenta nel vasto universo delle reti neurali profonde. Tuttavia, la sua semplicità e chiarezza lo rendono ancora uno strumento utile per introdurre i concetti fondamentali del machine learning e comprendere i principi di base dell'apprendimento supervisionato.

In conclusione, il Perceptron è una pietra miliare nell'evoluzione del machine learning e dell'Intelligenza Artificiale. Nonostante le sfide e le critiche iniziali, il suo contributo alla storia del campo è innegabile. Oggi, le reti neurali profonde, discendenti del Perceptron, stanno trasformando il modo in cui affrontiamo problemi complessi di Intelligenza Artificiale e promettono di aprire nuove frontiere nella risoluzione di sfide reali in molti settori.

Il Percettrone multistrato

La limitazione del Perceptron ha portato all'evoluzione delle reti neurali più complesse e stratificate, come i Multi-Layer Perceptrons (MLP)

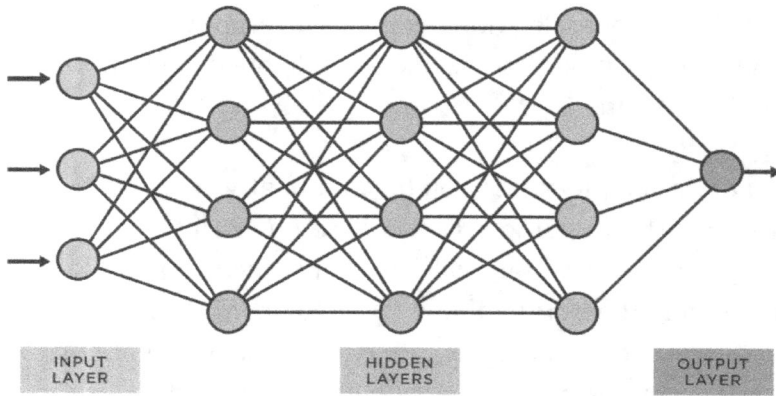

Il Percettrone Multistrato (MLP) è una delle architetture più rilevanti nel campo dell'apprendimento automatico e delle reti neurali artificiali. Questo modello, noto anche come *rete neurale feedforward*, si basa sul funzionamento del cervello umano per modellare relazioni complesse tra dati e risolvere problemi di classificazione e regressione. Con il suo potere espressivo e la capacità di rappresentare funzioni non lineari, il MLP ha dimostrato di essere estremamente versatile e si è affermato come uno dei pilastri dell'Intelligenza Artificiale.

Struttura del Percettrone Multistrato

Il Percettrone Multistrato è costituito da tre tipi principali di strati:

- **Strato di Input (input layer):** Questo strato riceve i dati di input o le caratteristiche del dataset. Ogni neurone in questo strato rappresenta una variabile o una caratteristica del dataset.

- **Strati Nascosti (hidden layer):** Il MLP può avere uno o più strati nascosti tra lo strato di input e lo strato di output. Ogni strato nascosto è costituito da neuroni artificiali che elaborano le informazioni ricevute dai neuroni dello strato precedente. Questi strati sono chiamati "nascosti" perché non hanno una diretta interazione con l'input o l'output e non sono osservabili dall'esterno.

- **Strato di Output (output layer):** Questo strato produce l'output finale del MLP. Ogni neurone in questo strato rappresenta una classe di classificazione o una variabile di output nella regressione.

Funzione di Attivazione nel Percettrone Multistrato

Per introdurre la non linearità e consentire al MLP di apprendere modelli complessi, ogni neurone nel MLP utilizza una funzione di attivazione non lineare. Alcune delle funzioni di attivazione comunemente utilizzate nel MLP includono la funzione *sigmoide*, la funzione *ReLU* (Rectified Linear Unit), la funzione *tanh* e la funzione *Softmax* per la classificazione multiclasse.

Addestramento del Percettrone Multistrato

L'addestramento del MLP coinvolge la retropropagazione dell'errore (backpropagation), un algoritmo di ottimizzazione che permette di regolare i pesi delle connessioni tra neuroni in modo da minimizzare l'errore tra le previsioni del modello e i valori corretti del dataset di addestramento. Questo processo di retropropagazione dell'errore regola i pesi e i bias in modo iterativo durante l'addestramento per ridurre progressivamente l'errore complessivo.

Vantaggi del Percettrone Multistrato

Il Percettrone Multistrato offre numerosi vantaggi:

- **Capacità di Modellare Relazioni Complesse**: Grazie alla sua struttura multistrato, il MLP è in grado di affrontare problemi di classificazione e regressione altamente complessi, superando le limitazioni di reti neurali più semplici.
- **Adattabilità a Diverse Architetture**: Il MLP può essere configurato con diverse architetture, tra cui il numero di strati nascosti e il numero di neuroni in ciascuno strato, per adattarsi a diverse tipologie di dati e problemi.
- **Generalizzazione su Nuovi Dati**: Con il giusto addestramento e una corretta regolazione dei parametri, il MLP è in grado di generalizzare bene su nuovi dati, evitando problemi di overfitting.

Svantaggi del Percettrone Multistrato

Alcuni svantaggi del Percettrone Multistrato includono:

- **Complessità Computazionale**: Il MLP può richiedere molto tempo e risorse computazionali per l'addestramento, specialmente su grandi dataset o architetture complesse.
- **Scelta della Struttura**: La scelta dell'architettura e delle funzioni di attivazione ottimali può essere una sfida e può influenzare le prestazioni del modello.

Scelta delle funzioni di attivazione

La scelta della funzione di attivazione dipende spesso dalla natura specifica del problema e dalla sperimentazione. È una buona pratica provare diverse funzioni di attivazione e valutare quale funziona meglio per il tuo problema specifico utilizzando tecniche di convalida incrociata o altri metodi di valutazione delle prestazioni.

Inoltre, le reti neurali profonde spesso utilizzano funzioni di attivazione ReLU nei layer nascosti e Sigmoid o Softmax nell'ultimo layer, ma questa è solo una convenzione e può variare a seconda del contesto.

Il ruolo degli strati nascosti

Gli hidden layer, o strati nascosti, nelle reti neurali sono i livelli intermedi tra gli input e gli output della rete. Sono chiamati "nascosti" perché non vediamo direttamente i loro risultati; sono come uno strato intermedio tra ciò che l'input rappresenta e ciò che vogliamo ottenere come output.

Questi strati svolgono ruoli chiave nell'apprendimento delle reti neurali:

- **Estrazione di Caratteristiche**: Gli hidden layer aiutano a riconoscere le caratteristiche importanti dei dati di input. Immagina di avere un'immagine con un gatto. Nei primi hidden layer, la rete può imparare a rilevare bordi, linee o angoli. Nei layer successivi, la rete può combinare queste caratteristiche per riconoscere il viso del gatto o le sue zampe. Questo processo di estrazione di caratteristiche è fondamentale per capire e interpretare i dati in modo più significativo.
- **Modellazione di Relazioni Complesse**: Gli hidden layer consentono alle reti neurali di affrontare relazioni non lineari nei dati. Le relazioni non lineari sono quelle che non possono essere descritte da semplici linee o curve. Ad

esempio, nella previsione del prezzo delle case, il prezzo non dipende solo da una singola variabile come la dimensione della casa, ma da un insieme complesso di fattori come la posizione, il numero di camere da letto, ecc.

Gli hidden layer con funzioni di attivazione non lineari aiutano a catturare queste relazioni complesse.

- **Apprendimento Profondo**: Gli hidden layer sono la base dell'apprendimento profondo, una tecnologia molto potente nell'Intelligenza Artificiale. Quando abbiamo più hidden layer, possiamo creare reti neurali profonde, in grado di apprendere rappresentazioni sempre più dettagliate e significative dei dati. Questo ci permette di risolvere problemi molto complicati, come il riconoscimento delle immagini o la traduzione del linguaggio naturale, con risultati sorprendenti.

In sintesi, gli hidden layer sono strati intermedi nella rete neurale che svolgono ruoli chiave nell'estrazione di caratteristiche significative, nell'affrontare relazioni complesse nei dati e nell'abilitare l'apprendimento profondo. Sono come un "segreto" interno della rete, che lavora silenziosamente per aiutare la rete a diventare sempre più brava a capire e utilizzare i dati per ottenere previsioni accurate. Il numero di hidden layer è un iperparametro, quindi è un valore che va ottimizzato per il problema che si sta affontando.

Addestramento di una rete neurale tramite backpropagation

Per comprendere come avviene l'addestramento di una rete neurale tramite backpropagation, possiamo immaginare ogni nodo (o neurone) nella rete come una singola funzione di classificazione logistica. Inoltre, immaginiamo che l'obiettivo della rete sia classificare le immagini come "gatti" o "cani".

Ecco come funziona il processo di addestramento tramite backpropagation:

- **Inizializzazione dei Pesi**: All'inizio, i pesi dei collegamenti tra i neuroni sono inizializzati casualmente.
- **Forward Propagation**: Quando forniamo un'immagine come input alla rete, questa viene passata attraverso i neuroni uno strato alla volta, partendo dallo strato di input fino allo strato di output. Ogni neurone elabora l'input utilizzando la funzione di classificazione logistica e produce un output.

- **Calcolo dell'Errore**: Il risultato prodotto dalla rete viene confrontato con il risultato corretto (ad esempio, "gatto" o "cane") per calcolare l'errore della rete. L'obiettivo è ridurre questo errore nel corso dell'addestramento.

- **Backward Propagation**: Qui inizia il backpropagation. L'errore calcolato viene retropropagato attraverso la rete, partendo dallo strato di output e tornando indietro fino allo strato di input. Ogni neurone riceve una parte dell'errore in base alla sua contribuzione all'errore totale della rete.

- **Aggiornamento dei Pesi**: Utilizzando l'errore retropropagato, i pesi dei collegamenti tra i neuroni vengono aggiornati in modo da ridurre l'errore complessivo. L'obiettivo è regolare i pesi in modo che il modello faccia previsioni migliori.

- **Iterazioni**: Il processo di forward propagation, calcolo dell'errore, backward propagation e aggiornamento dei pesi viene ripetuto per molte iterazioni, chiamate epoche. In ogni epoca, la rete viene esposta a diverse immagini di addestramento e i pesi vengono aggiornati in modo incrementale.

- **Convergenza**: Man mano che la rete viene esposta a più dati e il processo di addestramento si ripete, i pesi vengono regolati per ridurre l'errore complessivo della rete. L'obiettivo è raggiungere una convergenza, dove la rete è in grado di fare previsioni accurate su nuovi dati.

Questo processo di addestramento si basa su una combinazione di forward propagation per calcolare le previsioni e backward propagation per calcolare l'errore retropropagato e aggiornare i pesi. Il backpropagation è ciò che consente alla rete di imparare dai dati e di migliorare le sue prestazioni nel tempo.

Reti Neurali Ricorrenti (RNN)

Le Reti Neurali Ricorrenti, abbreviate come RNN (Recurrent Neural Networks), sono un'architettura di rete neurale che ha introdotto un elemento fondamentale nel mondo del deep learning: la memoria sequenziale. Queste reti sono state progettate per gestire dati sequenziali, come testi, audio e serie temporali, e hanno rivoluzionato numerose applicazioni, dall'elaborazione del linguaggio naturale alla previsione del mercato azionario. In questa trattazione, esploreremo in dettaglio le RNN, il loro funzionamento, le sfide che affrontano e le loro applicazioni in diversi settori.

Definizione di Reti Neurali Ricorrenti (RNN)

Le Reti Neurali Ricorrenti sono un tipo di rete neurale artificiale in cui le connessioni tra i neuroni formano un ciclo, consentendo l'elaborazione di dati sequenziali. In una RNN, ogni neurone è in grado di mantenere uno stato interno (una sorta di "memoria") che può essere influenzato dai dati di input correnti e dallo stato interno precedente. Questa memoria sequenziale rende le RNN particolarmente adatte per trattare dati che hanno una struttura temporale o sequenziale.

Struttura e Funzionamento delle RNN

Una RNN è composta da una serie di unità, o "celle", collegate tra loro in modo sequenziale. Ciascuna cella accetta un input dallo stato interno precedente e dai dati di input correnti. Questi dati vengono quindi combinati per produrre un nuovo stato interno e un'uscita. Questa uscita può essere utilizzata come previsione o passata alla cella successiva nella sequenza.

La chiave per il funzionamento delle RNN è la loro capacità di mantenere uno stato interno che cattura informazioni sulle osservazioni precedenti nella sequenza. Questo stato interno viene continuamente aggiornato man mano che nuovi dati vengono presentati alla rete. È questa capacità di "ricordare" le informazioni precedenti che consente alle RNN di gestire dati sequenziali in modo efficace.

Applicazioni delle Reti Neurali Ricorrenti (RNN)

Le RNN hanno una vasta gamma di applicazioni in diversi settori:

Elaborazione del Linguaggio Naturale (NLP): Le RNN sono ampiamente utilizzate per compiti di NLP, come il riconoscimento automatico del discorso, la traduzione automatica e la generazione di testi. La loro abilità di catturare le dipendenze temporali nei dati testuali è essenziale per queste applicazioni.

- **Previsione delle Serie Temporali**: Le RNN sono efficaci nella previsione delle serie temporali, come le previsioni meteorologiche, i prezzi delle azioni e i dati finanziari. Possono catturare modelli temporali complessi e identificare tendenze nei dati sequenziali.

- **Analisi del Sentimento**: Le RNN possono essere addestrate per analizzare il sentimento nei testi, come recensioni di prodotti o post sui social media. Questo è utile per valutare l'opinione pubblica e prendere decisioni informate.

- **Generazione Creativa**: Le RNN possono essere usate per generare testi, musica e immagini creative. Ad esempio, possono scrivere poesie o comporre musica basandosi su modelli appresi dai dati.

- **Traduzione Automatica**: Applicazioni come Google Translate utilizzano RNN per tradurre testi da una lingua all'altra, catturando le sfumature linguistiche e grammaticali.

Sfide delle Reti Neurali Ricorrenti

Pur essendo potenti, le RNN presentano alcune sfide:

- **Problema del Gradiente Svanishing e del Gradiente Esplosivo**: A causa della natura sequenziale del calcolo nelle RNN, i gradienti utilizzati nell'addestramento possono diventare molto piccoli o molto grandi, rendendo difficile l'aggiornamento dei pesi. Questo problema può portare a difficoltà nell'addestramento delle RNN profonde.

Vediamo un po più nel dettaglio i due problemi citati:

Problema del Gradiente Svanishing:

- **Cosa è**: Il problema del gradiente svanishing si verifica quando i gradienti delle funzioni di costo diventano estremamente piccoli man mano che vengono propagati all'indietro attraverso gli strati di una rete neurale profonda durante l'addestramento. Ciò significa che i pesi degli strati inferiori della rete vengono aggiornati in modo molto lento o quasi impercettibile, poiché i gradienti sono così piccoli che non causano modifiche significative ai pesi.

- **Cause**: Questo problema è spesso associato all'uso di funzioni di attivazione che hanno derivata limitata in un certo intervallo, ad esempio la funzione sigmoide. Quando i gradienti sono molto piccoli, la retropropagazione non trasferisce efficacemente l'errore ai livelli inferiori della rete, rendendo difficile l'apprendimento di rappresentazioni utili.

- **Effetti**: Il problema del gradiente svanishing può portare a una lenta convergenza dell'addestramento e a una difficoltà nell'addestrare reti neurali profonde.

Problema del Gradiente Esplosivo:

- **Cosa è**: Il problema del gradiente esplosivo è l'opposto del problema del gradiente svanishing. Si verifica quando i gradienti diventano enormemente grandi man mano che vengono propagati all'indietro attraverso gli strati di una rete neurale profonda. Questo può causare instabilità nell'addestramento, con aggiornamenti dei pesi così grandi da far divergere il processo di apprendimento.

- **Cause**: Il problema del gradiente esplosivo è spesso associato a inizializzazioni inappropriatamente elevate dei pesi della rete o a funzioni di attivazione che possono amplificare i valori in entrata, come la funzione ReLU (Rectified Linear Unit), senza una regolazione adeguata.

- **Effetti**: Il problema del gradiente esplosivo può portare a una divergenza dell'addestramento, in cui la perdita aumenta esponenzialmente durante l'addestramento e la rete diventa inutilizzabile.

- **Lunghe Dipendenze Temporali**: Le RNN possono affrontare difficoltà nel catturare dipendenze temporali a lungo termine in sequenze molto lunghe, a causa del loro stato interno limitato. Questo può portare a una perdita di informazioni importanti.

- **Calcolo Sequenziale**: Le RNN sono solitamente calcolate sequenzialmente, il che può rendere difficile sfruttare le potenzialità delle moderne architetture parallele. Questo può limitare l'efficienza nell'addestramento su grandi dataset.

Evoluzione delle RNN

Per superare alcune delle sfide delle RNN tradizionali, sono state sviluppate varianti più avanzate. Ad esempio, le Long Short-Term Memory (LSTM) e le Gated Recurrent Unit (GRU) sono architetture di RNN che hanno dimostrato di essere migliori nel catturare dipendenze a lungo termine e nell'affrontare il problema del gradiente scomparso.

Inoltre, le RNN sono spesso utilizzate insieme ad altre architetture di rete neurale, come le reti neurali convoluzionali (CNN) per l'elaborazione delle immagini o le reti neurali feedforward per l'elaborazione preliminare dei dati. Questi approcci ibridi hanno portato a risultati eccezionali in molte applicazioni.

Il Futuro delle Reti Neurali Ricorrenti

Le Reti Neurali Ricorrenti continuano a essere un campo di ricerca attivo, con molte sfide ancora da affrontare. Gli sforzi sono in corso per rendere le RNN più efficienti, più robuste alle lunghe dipendenze temporali e più interpretabili. Con ulteriori sviluppi e innovazioni, si prevede che le RNN giocheranno un ruolo sempre più importante nell'avanzamento dell'Intelligenza Artificiale e nell'applicazione pratica in numerosi settori.

Reti Neurali Convoluzionali (CNN)

Le Reti Neurali Convoluzionali (CNN), una classe di reti neurali artificiali ispirate al modo in cui il cervello umano elabora le immagini, hanno trasformato radicalmente il campo dell'elaborazione delle immagini e dell'Intelligenza Artificiale. Questi modelli, noti per la loro straordinaria capacità di catturare pattern e caratteristiche in immagini complesse, sono all'origine di numerosi successi in applicazioni come il riconoscimento di oggetti, l'analisi delle immagini mediche e l'elaborazione delle immagini nei veicoli a guida autonoma. In questa trattazione, esploreremo il concetto di Reti Neurali Convoluzionali, partendo da un approccio bio-ispirato, per passare al loro funzionamento, fino ad arrivare alle loro applicazioni e il loro impatto rivoluzionario.

Approccio bioispirato

Le Reti Neurali Convoluzionali (CNN) sono state ispirate dal modo in cui il cervello umano elabora le immagini, cercando di replicare il processo di percezione visiva che avviene nel nostro organo visivo. Comprendere come il cervello umano ricostruisce le immagini è cruciale per apprezzare appieno l'approccio delle CNN all'elaborazione delle immagini.

Nel cervello umano, il processo di ricostruzione delle immagini è straordinariamente complesso e coinvolge una rete di neuroni specializzati in diverse regioni cerebrali. Prima di esplorare questo complesso processo, è fondamentale gettare uno sguardo alla struttura e al funzionamento dell'occhio umano. L'occhio è, infatti, la nostra prima interfaccia con il mondo visivo che ci circonda, svolgendo un ruolo cruciale nell'acquisizione delle informazioni visive che saranno poi elaborate dal cervello.

L'occhio umano è un organo incredibilmente complesso e sofisticato, deputato alla percezione visiva del mondo circostante. La sua struttura è stata affinata dall'evoluzione per svolgere un ruolo cruciale nella cattura della luce e nella trasmissione delle informazioni visive al cervello. Ecco una panoramica dettagliata della struttura dell'occhio umano:

- **Cornea**: La cornea è la parte anteriore e trasparente dell'occhio, il cui compito principale è quello di raccogliere la luce proveniente dall'ambiente circostante. Funziona come una lente convessa, contribuendo a focalizzare la luce sulla retina.
- **Iride**: L'iride è la parte colorata dell'occhio, situata dietro la cornea. Ha una pupilla al centro, che è la parte nera dell'occhio. L'iride regola la quantità di luce che entra nell'occhio: in condizioni di luce intensa, la pupilla si restringe per ridurre la quantità di luce, mentre in condizioni di luce scarsa si dilata per catturare più luce.
- **Cristallino**: Il cristallino è una lente biconvessa situata dietro l'iride e la pupilla. Ha la capacità di modificare la sua forma per regolare la messa a fuoco e garantire che l'immagine venga proiettata con precisione sulla retina. Questo processo è noto come accomodazione.
- **Corpo Vitreo**: Il corpo vitreo è una sostanza gelatinosa che riempie la parte posteriore dell'occhio. Contribuisce a mantenere la forma sferica dell'occhio e supporta la retina.

- **Retina**: La retina è la membrana fotosensibile situata nella parte posteriore dell'occhio. È composta da milioni di cellule specializzate nella percezione della luce: i fotorecettori. I fotorecettori si dividono in due categorie principali: i coni, che sono responsabili della visione dei colori e funzionano meglio in condizioni di luce intensa, e i bastoncelli, che permettono di vedere in condizioni di luce scarsa e sono sensibili solo al bianco e nero.

- **Membrana Pigmentata e Epitelio Pigmentato Retinico**: Queste strutture svolgono un ruolo chiave nella rigenerazione dei fotopigmenti nei fotorecettori, consentendo loro di continuare a percepire la luce in modo efficace.

- **Nervo Ottico**: Alla parte posteriore della retina, i fotorecettori trasmettono segnali elettrici attraverso le cellule gangliari alla testa del nervo ottico. Questi segnali saranno successivamente trasmessi al cervello per l'elaborazione delle informazioni visive.

- **Muscoli Oculari**: L'occhio è dotato di sei muscoli oculari esterni che controllano i movimenti del bulbo oculare. Questi muscoli lavorano in tandem per consentire la visione binoculare e la messa a fuoco su oggetti in diverse direzioni.

- **Connettivo e Tessuto Oculare**: Vari strati di tessuto connettivo e muscolare circondano l'occhio per mantenerne la forma e fornire supporto strutturale.

- **Ghiandole Lacrimali**: Le ghiandole lacrimali producono le lacrime, che mantengono l'occhio umido e pulito, oltre a svolgere un ruolo nella protezione contro agenti patogeni e irritazioni.

- **Palpebre e Ciglia**: Le palpebre svolgono un ruolo protettivo nell'occhio, chiudendosi per difendere l'occhio da corpi estranei o situazioni di luce intensa. Le ciglia aiutano a intrappolare particelle di polvere e proteggere gli occhi.

- **Ghiandole Meibomiane**: Queste ghiandole producono l'olio che contribuisce a mantenere le lacrime nella giusta quantità e previene l'evaporazione eccessiva.

La struttura dell'occhio umano è un esempio straordinario di design biologico, con molte parti che lavorano sinergicamente per consentire la percezione visiva. La luce proveniente da oggetti nell'ambiente viene raccolta, focalizzata e trasformata in segnali elettrici nella retina, che vengono quindi trasmessi al cervello attraverso il nervo ottico per essere elaborati e interpretati come immagini. Questo complesso sistema di percezione visiva ha ispirato lo sviluppo di tecnologie e algoritmi nell'ambito della visione artificiale, inclusi modelli come le Reti Neurali Convoluzionali (CNN), che cercano di replicare alcune delle funzionalità visive dell'occhio umano.

Dopo questo breve inciso sulla struttura e il funzionamento dell'occhio umano, vediamo adesso il processo di ricostruzione delle immagini attuato dal cervello.

- **Percezione Iniziale**: Quando la luce proveniente da oggetti nell'ambiente colpisce la retina nell'occhio, inizia il processo di percezione visiva. La retina funge da "fotocamera biologica", convertendo la luce in segnali elettrici. Questi segnali rappresentano le informazioni grezze, come la luminosità e il colore.

- **Rappresentazione di Basse Caratteristiche**: Dopo che i segnali visivi passano attraverso la retina raggiungono la corteccia visiva primaria (V1), una regione del cervello responsabile dell'analisi delle basse caratteristiche visive. Qui, le informazioni visive sono suddivise in elementi di base come linee, bordi e angoli. Questa fase è simile all'operazione dei filtri nelle CNN, che estraggono feature visive fondamentali come bordi e texture.

- **Integrazione delle Caratteristiche**: Dalle regioni di elaborazione delle basse caratteristiche, le informazioni visive avanzano verso regioni corticali superiori, come la corteccia visiva associativa. Qui, le caratteristiche vengono integrate per formare oggetti più complessi e scene. Ad esempio, le linee e le forme possono essere combinate per creare oggetti riconoscibili come volti o oggetti.

- **Riconoscimento degli Oggetti**: Diverse regioni cerebrali specializzate si occupano del riconoscimento degli oggetti. Queste regioni, come la corteccia del giro fusiforme, sono responsabili di riconoscere specifici tipi di oggetti, come volti umani. Le informazioni estratte vengono confrontate con le memorie visive memorizzate per identificare l'oggetto.

- **Generazione della Percezione**: Alla fine del processo, il cervello crea una rappresentazione coerente e consapevole dell'immagine o della scena. Questa rappresentazione è ciò che percepiamo come l'immagine o la realtà visiva. La percezione visiva può influenzare il pensiero, l'azione e l'interpretazione emotiva dell'ambiente.
- **Plasticità Cerebrale**: Il cervello umano è altamente adattabile e in grado di apprendere nuove informazioni visive e di adattarsi a cambiamenti nell'ambiente. Questa plasticità cerebrale è fondamentale per sviluppare abilità di riconoscimento, comprensione e navigazione nell'ambiente visivo in evoluzione.

Le Reti Neurali Convoluzionali (CNN) prendono ispirazione da questo processo biologico di elaborazione delle immagini. Nelle CNN, gli strati di convoluzione svolgono un ruolo simile alla corteccia visiva primaria, estraendo feature visive di base come bordi e forme. Gli strati successivi delle CNN integrano queste caratteristiche per formare oggetti complessi e riconoscibili, proprio come avviene nelle regioni corticali superiori del cervello umano. Questa architettura simile al cervello umano consente alle CNN di catturare feature gerarchiche nei dati visivi e di compiere passi avanti nell'elaborazione delle immagini.

Definizione di Reti Neurali Convoluzionali (CNN)

Le Reti Neurali Convoluzionali sono una classe di reti neurali artificiali specializzate nell'elaborazione delle immagini. A differenza delle reti neurali feedforward tradizionali, le CNN sono progettate per riconoscere pattern e caratteristiche in modo gerarchico, proprio come il sistema visivo umano. Questa architettura è stata ispirata dalla struttura delle cellule nervose visive nel nostro cervello, chiamate campi recettivi.

La caratteristica distintiva delle CNN è l'uso di operazioni di convoluzione per esaminare piccole aree dell'immagine alla volta, invece di elaborare ogni pixel separatamente. Questa tecnica consente alle CNN di rilevare automaticamente feature come bordi, texture e forme senza richiedere l'ingegnerizzazione manuale delle caratteristiche.

Ma cosa è un'operazione di convoluzione?

Vediamo come funziona l'operazione di convoluzione in una CNN:

1. **Matrice di Filtri (Kernel)**: La convoluzione inizia con un insieme di filtri o kernel. Ogni filtro è una piccola matrice (solitamente 3x3 o 5x5) di valori pesati. Questi filtri agiscono come "finestre" scorrevoli sull'immagine di input.

2. **Applicazione del Filtro**: Il filtro viene posizionato sull'immagine di input, di solito inizia dal bordo sinistro e si sposta in modo sequenziale lungo l'intera immagine. In ogni posizione, il filtro viene sovrapposto a una parte dell'immagine corrispondente alle dimensioni del filtro.

3. **Operazione di Moltiplicazione e Somma**: In questa fase, viene eseguita un'operazione di moltiplicazione tra i valori del filtro e i pixel corrispondenti nell'immagine sottostante. I risultati delle moltiplicazioni vengono quindi sommati per produrre un singolo valore, che rappresenta l'output della convoluzione per quella specifica posizione del filtro sull'immagine.

4. **Scorrimento del Filtro**: Il filtro viene quindi spostato di una piccola quantità (uno o più pixel) e il processo di convoluzione viene ripetuto. Questo processo di scorrimento continua fino a quando il filtro ha attraversato l'intera immagine di input.

5. **Mappa delle Feature**: Ogni volta che il filtro scorre sull'immagine, viene prodotto un valore di output. Questi valori di output vengono disposti in una nuova matrice, chiamata "mappa delle feature" o "feature map". La feature map rappresenta una versione trasformata dell'immagine di input, evidenziando determinate caratteristiche rilevanti come bordi, linee, texture o altro, a seconda del filtro utilizzato.

6. **Applicazione di Più Filtri**: Tipicamente, in una CNN, vengono utilizzati molti filtri diversi, ognuno dei quali estrae diverse feature dall'immagine. Questo processo di applicazione di più filtri produce una serie di feature maps, ciascuna delle quali cattura un aspetto diverso dell'immagine originale.

Struttura e Funzionamento delle CNN

Le CNN sono composte da una serie di strati, ognuno con uno scopo specifico:

- **Strato di Convoluzione**: Questo strato è responsabile dell'operazione di convoluzione. Filtri, noti anche come kernel, scorrono sull'immagine di input e calcolano la somma dei prodotti tra i valori dei pixel e i pesi del filtro. Questo processo produce una "mappa di attivazione" o "feature maps" che evidenzia le caratteristiche rilevanti nell'immagine (come descritto in precedenza).
- **Strato di Pooling**: Dopo la convoluzione, viene spesso applicato uno strato di pooling per ridurre la dimensione delle mappe di attivazione e preservare le feature più rilevanti. Il pooling riduce la complessità computazionale e rende la rete più robusta alle variazioni di scala e posizione delle feature.
- **Strato completamente connesso**: Alla fine della rete, uno o più strati completamente connessi eseguono l'elaborazione finale e producono l'output desiderato. Questi strati sono spesso simili a quelli presenti nelle reti neurali feedforward tradizionali.
- **Funzioni di Attivazione**: Le funzioni di attivazione, come ReLU (Rectified Linear Unit), sono utilizzate per introdurre non linearità nelle mappe di attivazione, consentendo alle CNN di apprendere pattern complessi.

Applicazioni delle Reti Neurali Convoluzionali (CNN)

Le CNN sono ampiamente utilizzate in una vasta gamma di applicazioni:

- **Riconoscimento di Oggetti**: Le CNN sono note per il loro successo nel riconoscimento di oggetti in immagini. Questa capacità è stata sfruttata in applicazioni come la sorveglianza video, la guida autonoma e la classificazione di immagini.
- **Analisi delle Immagini Mediche**: Nell'ambito medico, le CNN vengono utilizzate per l'analisi di immagini diagnostiche, come le radiografie e le scansioni MRI, per la rilevazione di patologie e la pianificazione del trattamento.
- **Elaborazione delle Immagini nei Veicoli Autonomi**: Le CNN svolgono un ruolo cruciale nella percezione visiva nei veicoli autonomi. Consentono la rilevazione di pedoni, segnali stradali e ostacoli per la guida sicura.

- **Analisi di Immagini Satellitari**: Le CNN vengono utilizzate per l'analisi delle immagini satellitari per scopi come la classificazione del terreno, il monitoraggio ambientale e la previsione dei cambiamenti climatici.
- **Elaborazione del Linguaggio Naturale basata su Immagini**: Le CNN vengono utilizzate per l'analisi di testi basati su immagini, come la rilevazione di testo in immagini e la generazione di descrizioni automatiche per immagini.

Sfide delle Reti Neurali Convoluzionali (CNN)

Nonostante il loro straordinario successo, le CNN presentano alcune sfide:

- **Overfitting**: Le CNN possono essere suscettibili di overfitting, soprattutto quando il dataset di addestramento è limitato. L'overfitting si verifica quando la rete si adatta troppo ai dati di addestramento, rendendo difficile la generalizzazione a nuovi dati.
- **Dimensione dei Dati**: Le CNN richiedono grandi quantità di dati di addestramento per ottenere prestazioni elevate. Raccolta e preparazione dei dati possono essere complesse e costose.
- **Calcolo Intensivo**: L'addestramento di reti neurali profonde come le CNN richiede un'enorme potenza di calcolo, spesso fornita da hardware specializzato come le unità di elaborazione grafica (GPU).

Evoluzione delle CNN

Le CNN continuano a evolversi con nuove architetture e algoritmi. Ad esempio, le reti neurali residuali (ResNet) introducono collegamenti residui per migliorare l'addestramento di reti molto profonde. Le reti neurali convoluzionali si stanno anche combinando con altri tipi di reti neurali, come le reti neurali ricorrenti (RNN) e le reti neurali generative avversariali (GAN), per ottenere risultati ancora più avanzati.

Il Futuro delle Reti Neurali Convoluzionali

Le Reti Neurali Convoluzionali rimangono uno dei pilastri del deep learning e dell'elaborazione delle immagini. Il loro futuro è luminoso, con ulteriori progressi previsti nell'ambito dell'efficienza computazionale, dell'interpretazione delle reti neurali e dell'applicazione in nuovi settori. Le CNN continueranno a guidare l'innovazione nell'ambito dell'elaborazione delle immagini, portando benefici significativi in una vasta gamma di applicazioni, dalla salute all'automazione industriale, dalla sicurezza alla realtà aumentata.

Reti Neurali Generative (GAN)

Le Reti Neurali Generative, conosciute come GAN (Generative Adversarial Networks), rappresentano una delle più potenti innovazioni nell'ambito dell'apprendimento automatico e dell'Intelligenza Artificiale. Questi modelli hanno rivoluzionato il modo in cui generiamo contenuti creativi, come immagini, musica e testo, aprendo nuove prospettive per l'Intelligenza Artificiale. In questa trattazione, esploreremo il concetto di Reti Neurali Generative, il loro funzionamento, le loro applicazioni e il loro impatto nel campo dell'arte, della generazione di contenuti e oltre.

Definizione di Reti Neurali Generative (GAN)

Le Reti Neurali Generative (GAN) sono un tipo di architettura di rete neurale artificiale composta da due reti neurali: il generatore e il discriminatore. Queste due reti sono addestrate in modo cooperativo, e il loro obiettivo è generare dati artificiali (come immagini) che sono indistinguibili da quelli reali.

Il generatore è responsabile della creazione di dati artificiali, mentre il discriminatore ha il compito di distinguere tra dati reali e dati generati. Le due reti lavorano in tandem, con il generatore che cerca di migliorare la qualità dei dati generati e il discriminatore che cerca di diventare sempre più abile nel riconoscere la differenza tra dati reali e generati.

L'addestramento di una GAN consiste in un processo iterativo in cui il generatore cerca costantemente di ingannare il discriminatore producendo dati sempre più convincenti, mentre il discriminatore cerca di diventare sempre più preciso nell'individuare dati falsi. Questa competizione tra le due reti porta alla creazione di dati artificiali di alta qualità.

Struttura e Funzionamento delle GAN

Le GAN sono composte da due componenti principali:

- **Generatore**: Il generatore è responsabile della produzione di dati artificiali. Prende in ingresso un vettore casuale (spesso chiamato "rumore") e lo trasforma in un'immagine o un altro tipo di dato. Il generatore è composto da diverse unità, come strati di rete neurale convoluzionale o strati completamente connessi, a seconda del tipo di dato che deve generare.

- **Discriminatore**: Il discriminatore è responsabile di distinguere tra dati reali e dati generati. Prende in ingresso un'immagine (o altro dato) e produce un'uscita che rappresenta la probabilità che l'input sia reale o generato. Il discriminatore è anche esso una rete neurale, addestrata per essere il più accurato possibile nel riconoscere la differenza tra dati reali e generati.

Il ciclo di addestramento di una GAN è diviso in due fasi principali:

- **Fase di Generazione**: Durante questa fase, il generatore prende un vettore casuale e genera dati artificiali. Questi dati vengono quindi passati al discriminatore.

- **Fase di Discriminazione**: Il discriminatore prende sia dati reali che dati generati e cerca di distinguere tra i due. L'errore di discriminazione risultante viene utilizzato per aggiornare i pesi del discriminatore.

L'obiettivo della GAN è raggiungere un punto in cui il generatore riesce a produrre dati così convincenti che il discriminatore non riesce più a distinguerli dai dati reali. A questo punto, la GAN ha raggiunto un equilibrio, noto come "Nash Equilibrium," in cui i dati generati sono di alta qualità.

Applicazioni delle Reti Neurali Generative (GAN)

Le GAN hanno una vasta gamma di applicazioni in vari settori:

- **Generazione di Immagini**: Le GAN sono ampiamente utilizzate per generare immagini realistiche, che vengono utilizzate in grafica, design, produzione di contenuti e persino nella creazione di volti sintetici per la ricerca sulla privacy.

- **Elaborazione del Linguaggio Naturale (NLP)**: Le GAN sono state applicate alla generazione di testo coerente e alla traduzione automatica. Possono anche essere usate per migliorare l'elaborazione del linguaggio naturale basata su immagini, come il riconoscimento di testo in foto.

- **Medicina**: Le GAN possono generare immagini mediche sintetiche per l'addestramento di modelli di diagnostica medica. Possono anche aiutare a generare simulazioni di tessuti per la progettazione di protesi e apparecchiature mediche.

- **Arte e Creatività**: Le GAN sono utilizzate per creare opere d'arte generative, musica e scrittura creativa. Questa applicazione ha dato vita a nuove forme di espressione artistica e creatività computazionale.
- **Sintesi Audio e Musica**: Le GAN possono generare suoni e musica realistici, utilizzati in applicazioni come la produzione musicale e l'audio per videogiochi.

Sfide delle Reti Neurali Generative (GAN)

Nonostante il loro enorme potenziale, le GAN affrontano alcune sfide:

- **Addestramento Instabile**: L'addestramento di una GAN può essere instabile, con il rischio di raggiungere situazioni in cui il generatore e il discriminatore oscillano senza raggiungere un equilibrio.
- **Controllo sulla Generazione**: Controllare il risultato della generazione di una GAN è complesso. È difficile garantire che il modello genererà dati con le specifiche desiderate.
- **Etica e Privacy**: L'uso delle GAN solleva questioni etiche e di privacy, in quanto possono essere utilizzate per creare contenuti falsi o pericolosi, come deepfake o immagini manipolate.

Evoluzione delle GAN

Le GAN continuano a evolversi con nuove architetture e approcci. Alcune varianti, come le Conditional GAN (cGAN), consentono di generare dati condizionati a specifiche informazioni aggiuntive, come età, genere o tipo di oggetto. Le BigGAN e le StyleGAN sono ulteriori evoluzioni che hanno portato a una generazione di immagini ancora più realistica e controllabile.

Il Futuro delle Reti Neurali Generative (GAN)

Le Reti Neurali Generative hanno dimostrato un potenziale rivoluzionario nell'apprendimento automatico creativo. Il loro futuro è entusiasmante, con ulteriori sviluppi previsti nell'elaborazione del suono, nella simulazione, nell'arte digitale e in molte altre applicazioni creative. Tuttavia, è importante affrontare le sfide etiche e di privacy associate all'uso di GAN per garantire che vengano utilizzate in modo responsabile e benefico per la società. Con ulteriori progressi e innovazioni, le GAN continueranno a ispirare e ad aprire nuovi orizzonti nell'Intelligenza Artificiale e nell'espressione creativa.

Grazie per l'Avventura con l'Intelligenza Artificiale

Spero che il viaggio nell'Intelligenza Artificiale sia stato affascinante e informativo. Nel corso delle pagine, abbiamo esplorato concetti complessi e applicazioni sorprendenti di questa tecnologia che sta trasformando il nostro mondo. Mi sono impegnato a portarti attraverso questo percorso in modo chiaro e accessibile, e spero sinceramente che il mio libro abbia aggiunto valore alla tua comprensione dell'IA e alla tua conoscenza dei suoi molteplici aspetti.

La Tua Opinione Conta

Ora, ti chiedo un piccolo favore. Se hai apprezzato il mio libro, ti prego di condividere la tua esperienza con gli altri. Le recensioni sono un modo fondamentale per aiutare altri lettori a scoprire e valutare un libro. La tua opinione onesta e sincera può fare la differenza. Se ti è piaciuto il libro o se hai trovato utili le informazioni qui contenute, ti invito a condividere la tua opinione su Amazon. Lasciare una recensione richiede solo pochi minuti, ma può avere un impatto duraturo.

Condividiamo la Passione per l'IA

Mi sento fortunato a condividere la mia passione per l'Intelligenza Artificiale con te attraverso queste pagine, e spero di continuare a farlo in futuro. La tua recensione e i tuoi commenti sono un prezioso feedback che mi aiuta a migliorare e a creare contenuti sempre più interessanti per te.

Ti ringrazio per essere stato parte di questo viaggio con me e spero di ritrovarti tra le pagine dei miei prossimi libri, pronto a esplorare ulteriormente il mondo affascinante dell'intelligenza artificiale.

Con gratitudine,

Cristian Tesconi